职业教育"校企双元、产教融合型"系列教材

微课版

Animate
动画设计

白红霞　孙凌志　杨璐嘉　主　编
丁双双　杨华安　陈　程　副主编

化学工业出版社

·北京·

内容简介

本书以中等职业学校数字媒体技术应用专业教学标准和1＋X动画制作职业技能等级（初级）证书标准为编写依据，有机融入岗位技能要求、国家专业教学标准、职业技能等级证书标准有关内容。全书分为五个模块，主要包括动画概述、Animate的基本应用、Animate动画的基本类型、Animate动画的综合表现、Animate的交互动画应用等知识技能。采用主题引导、任务驱动的编写方式，精心挑选和组织任务实例18个，强调学生动手操作和主动探究的能力，体现实际商业项目的典型应用和教学素养目标，并有机融入思政元素，在传授知识、提升职业能力的同时，注重对学生工匠精神、职业道德的培养。本书强调技能体验、学习过程记录，并为任务实例配备相应的二维码数字资源，以利于学生对Animate软件进行模仿操作，促进学生知识、能力与职业素养的多维发展。

本书可作为中等职业学校数字媒体技术应用、计算机平面设计、动漫与游戏制作、影像与影视技术、艺术设计与制作、界面设计与制作、数字影像技术等专业的教材，也可作为1＋X初级动画制作职业技能等级考试的参考用书，还可作为二维动画设计制作爱好者、初学者的入门教程。

图书在版编目（CIP）数据

Animate动画设计 / 白红霞，孙凌志，杨璐嘉主编
. — 北京：化学工业出版社，2024.1
ISBN 978-7-122-44478-3

Ⅰ.①A⋯　Ⅱ.①白⋯　②孙⋯　③杨⋯　Ⅲ.①动画制作软件　Ⅳ.①TP391.414

中国国家版本馆CIP数据核字（2023）第222476号

责任编辑：张　阳　金　杰　　　　文字编辑：谢晓馨　刘　璐
责任校对：边　涛　　　　　　　　装帧设计：梧桐影

出版发行：化学工业出版社
　　　　　（北京市东城区青年湖南街13号　邮政编码100011）
印　　装：中煤（北京）印务有限公司
787mm×1092mm　1/16　印张12½　字数196千字
2024年3月北京第1版第1次印刷

购书咨询：010-64518888　　　　　售后服务：010-64518899
网　　址：http://www.cip.com.cn
凡购买本书，如有缺损质量问题，本社销售中心负责调换。

定　　价：49.00元　　　　　　　　　版权所有　违者必究

职业教育"校企双元、产教融合型"系列教材

编审委员会

主　任： 邓卓明

委　员： （列名不分先后）

邓卓明　郭　建　黄　轶　刘川华

刘　伟　罗　林　薛　虎　徐诗学

王贵红　袁永波　赵志章　赵　静

朱喜祥

《Animate动画设计》

编写人员

主　　编： 白红霞　　孙凌志　　杨璐嘉

副 主 编： 丁双双　　杨华安　　陈　程

编写人员： 白红霞　　孙凌志　　杨璐嘉

　　　　　　丁双双　　杨华安　　陈　程

　　　　　　唐小红　　刘德友　　黄　勇

　　　　　　邓华锋　　庞一桥　　王　瑜

　　　　　　杨　鸿　　杨　亚　　杨林林

党的二十大报告指出，加快发展数字经济，促进数字经济和实体经济深度融合，打造具有国际竞争力的数字产业集群。数字产业的大力发展必须以德才兼备的信息技术人才作为支撑。在数字化的时代背景下，对于每一位从事相关行业的工作者来说，数字动画设计和制作已成为一项必须了解甚至熟练掌握的技能。以Animate为代表的矢量信息技术软件广泛应用于动画设计、游戏制作、网站制作、跨平台信息展示等多个领域，是信息技术人员有必要学习和掌握的软件。

本书编写体现"做中学，做中教"的教学理念。内容难度适中，符合中职生的心理特征和认知规律。全书采用任务相关知识＋任务实施＋学习笔记＋评价与反思"四位一体"的开发理念，按照中高职贯通、校企双元的实施路径，联动职业院校、行业企业、科研机构、出版社四方协同开发教材。在内容设计上，紧扣岗位技能标准，以岗位工作过程和岗位能力需求为逻辑主线，将新技术、新工艺、新标准融入其中，突出模块化、课程思政，凸显职业教育类型特征，推动学生个性化成长；在表现形式上，充分利用现代信息技术，通过文字、图表、视频等形式的综合运用，实现立体化、可视化、情境化的呈现形式，适应各类学生的认知特点。任务实例配套相应的二维码数字资源，体现Animate实操特性，有利于学生对Animate软件进行模仿操作，促进其知识、能力和职业素养的多维发展，培养其探索性、创新性思维品质。

本书为"第二批国家级职业教育教师教学创新团队课题研究项目"（课题编号：ZI2021120205）成果，主编和副主编皆是国家级教学创新团队负责人和核心成员，其他编写人员为教学一线专业教师、行业企业技术骨干或科研人员。编写过程中，得到了重庆市黔江区民族职业教育中心、重庆工商职业学院、重庆漫想族文化传播有限公司、重庆昭信教育研究院、化学工业出版社等单位的支持和帮助，在此表示衷心的感谢。由于时间、水平有限，书中难免存在不足，敬请广大读者不吝赐教。

编者

2023年11月

目录

 动画概述

知识一　认识动画的发展历程　/ 002

知识二　认识基本动画原理　/ 008

知识三　认识 Animate 动画　/ 014

 Animate 的基本应用

任务一　建立并保存文件——初识工作界面　/ 022

任务二　绘制熊猫图标——矢量图形应用　/ 033

任务三　"中国梦"文字标题设计——

　　　　文本工具应用　/ 047

 Animate 动画的基本类型

任务一　制作汉字书写效果——图形逐帧动画应用　/ 061

任务二　制作熊猫表情包——卡通逐帧动画应用　/ 067

任务三　制作燃烧的火焰动画——形状补间应用　/ 076

任务四　制作跳动的乒乓球动画——

　　　　传统补间与声音应用　/ 082

任务五　制作运动的皮影人物——

　　　　骨骼动画与图层父子关系应用　/ 095

任务六　制作闪动的手机动画——

　　　　遮罩动画与位图应用　/ 104

任务七　制作遨游的太空飞船动画——

　　　　路径动画与补间动画应用　/ 112

模块四

Animate 动画的综合表现

任务一　制作"新农村"背景的汽车运动动画——

运动透视原理应用　/ 125

任务二　制作人物运动损伤动画——

人物走路、跑步基本运动规律应用　/ 132

任务三　制作四足动物过河场景动画——

四足动物基本运动规律应用　/ 141

任务四　制作花园场景的动物飞行动画——

飞行动物基本运动规律应用　/ 151

任务五　制作雷雨场景动画——

自然环境运动规律应用　/ 159

模块五

Animate 的交互动画应用

任务一　制作八音电子琴应用——

元件按钮应用　/ 170

任务二　发布手机应用——AIR 功能应用　/ 177

任务三　制作春节电子贺卡——

交互综合应用　/ 183

参考文献　/ 192

模块一 动画概述

　　简单地讲，动画就是"会动的图画"，是一种以图像的形式传递信息和表达故事情节的艺术形式。随着社会信息化的发展，动画在电影、电视、游戏、广告、教育等领域应用广泛，已经融入我们的生活中。Animate是动画制作的基础软件，它具有容易上手、功能全面等特点，学习并掌握Animate动画制作知识有利于学习者对动画形成完整的概念认识。

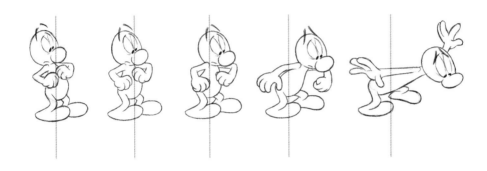

学习目标

[加粗部分对应1+X动画制作职业技能等级要求（初级）]

素养目标

　　① 具备动画题材、表现元素的创新意识；② 具备对中华文化的认同感与自信心；③ 具备爱岗敬业、投身于我国动漫产业的职业精神。

知识目标

　　① 初步了解一定的动画产业知识；② 了解综合动画制作基础理论；③ 理解通用的运动规则；④ 了解常规的视频输出格式；⑤ 了解Animate的动画制作基本常识；⑥ 熟悉Animate动画师的工作职责和职业素养要求。

能力目标

　　① 能够概述中国动画的发展历程；② 具备动画片段的分析鉴赏能力。

知识一　认识动画的发展历程

一、动画的起源

人类自古以来就有让图画动起来的愿望。三万五千多年以前，人类便已经在岩壁上画动物了，会以多条腿表示动物的运动，如图1-1-1所示。

中国早在唐代就有了类似"魔术幻灯"的发明——皮影戏。它是将一种灯光照射到一张特制的白色布帘上，在布帘上投射出图案或形象，通过幕后人员对皮影的操纵形成连贯运动的影像。

周密《武林旧事》记载，走马灯在南宋时已极为盛行。其制作原理是在一个或方或圆的纸灯笼中插一铁丝作立轴，轴上方装一叶轮，轴中央装两根交叉细铁丝，在铁丝每一端粘上人、马之类的剪纸。当灯笼内灯烛点燃后，热气上升，形成气流，从而推动叶轮旋转，于是剪纸随轮轴转动，形成运动画面，如图1-1-2所示。

图1-1-1　法国肖维岩洞多腿野牛岩画　　　图1-1-2　走马灯图样（图源：《西厢记》明末版画）

1824年，皮特·马克·罗杰特发现了重要的视觉暂留原理。视觉暂留原理是指人类的眼睛对看到的一切事物的影像都会有暂时停留现象，多张静止的画面在以一定速度播放的过程中会生成连续画面。视觉暂留原理是电影、动画发展的基石。它还可以被用来解释计算机图像处理中的许多视觉效果。

19世纪中后期，根据视觉暂留原理，市面上出现了实用镜、西洋镜、翻页本等娱乐工具，如图1-1-3所示。翻页本是把一沓画着图画的纸装订在一起的小书，一只手抓住装订的一头，另一只手翻动画页，就看到了运动画面。

进入20世纪，动画师温瑟·麦凯制作出第一部无声动画片《小尼莫》。温瑟·麦凯在创作过程中受到翻页本启发，画了4000幅小尼莫做动作的图画。这些图画于1911年在纽约汉莫斯顿剧院放映时引起了巨大的轰动。随后，他又制作了《蚊子的故事》《恐龙葛蒂》等作品，同样备受欢迎，如图1-1-4所示。

图1-1-3　实用镜（左图）与西洋镜（右图）　　　图1-1-4　动画作品《恐龙葛蒂》

1928年，沃尔特·迪斯尼推出米老鼠系列的第一部有声动画片《威利号汽船》。该片利用音响与动画的结合达到了一种新的效果，因而受到人们的欢迎。1932年，迪斯尼推出了第一部彩色动画片《花与树》，这是奥斯卡历史上第一部获得最佳动画短片奖的动画片，如图1-1-5所示。

1937年，第一部有声动画电影《白雪公主和七个小矮人》诞生，如图1-1-6所示。《白雪公主和七个小矮人》的巨大商业和艺术成就奠定了迪斯尼动画片制作的基础，也因此诞生了动画界的"黄金时代"。至此，动画真正走入人们的生活，卡通动画作为孩子们的天然盟友，从未离开孩子们的视野。

图1-1-5　动画片《花与树》　　　　图1-1-6　动画电影《白雪公主和七个小矮人》

二、中国动画的发展历程

（一）第一阶段（1922—1956年）：萌芽和探索时期

1918年开始，美国动画片陆续在上海放映，处于半殖民地半封建社会的中国人对神奇的动画片着迷。抱着创造中国人自己的动画片的信念，以万籁鸣、万古蟾、万超尘（简称"万氏兄弟"）为代表的第一代中国动画人应运而生，成为中国动画片的开拓者。

1935年，万氏兄弟推出了中国的第一部有声动画片《骆驼献舞》。随后，在1941年他们又制作了中国乃至亚洲的第一部动画长片《铁扇公主》，片长达到了80分钟，如图1-1-7所示。这部作品将中国的动画艺术带入了世界电影史的殿堂。

1946年10月，东北电影制片厂（简称"东影"）成立，这是中国共产党领导创立的第一个电影制片基地，先后制作了木偶动画片《皇帝梦》、动画片《瓮中捉鳖》等。"东影"电影制片基地的成立为中国动画在20世纪后半期的发展奠定了基础，之后中国动画真正进入了发展阶段。这个时期动画技术取得了一定的进步，1953年摄制了中国第一部彩色木偶动画片《小小英雄》，实现了中国动画片由黑白片向彩色片的转化。1955年，中国第一部彩色传统动画片《乌鸦为什么是黑的》诞生，如图1-1-8所示。

图1-1-7　动画片《铁扇公主》

图1-1-8　动画片《乌鸦为什么是黑的》

（二）第二阶段（1957—1965年）：第一个繁荣时期

1957年，中国第一家专业美术电影制片厂——上海美术电影制片厂成立，中国有了第一家独立摄制美术片的专业厂。在"百花齐放，百家争鸣"的文艺方针指导下，艺术家的积极性得到了充分调动。这个时期，很多上海美术电影制片厂的影片在国际电影节获奖，形成了世界公认的中国动画学派。上海美术电影制片厂于1950年9月完成了第一部动画片《谢谢小花猫》，这也是新中国第一部童话题材的动画片。1961—1964年，制作出享誉世界的经典动画片《大闹天宫》，标志着中国动画民族风格在此期间形成，如图1-1-9所示。

　　1958年，第一部中国风格的剪纸动画片《猪八戒吃西瓜》试制成功。1960年，上海美术电影制片厂创作出第一部折纸动画片《聪明的鸭子》。1961年，第一部水墨动画片《小蝌蚪找妈妈》诞生。1963年，上海美术电影制片厂又拍出了水墨动画片《牧笛》，影片用水墨表现人物、家禽和山水，扩大了水墨动画片的表现领域，如图1-1-10所示。

图1-1-9　动画片《大闹天宫》　　　　图1-1-10　动画片《牧笛》

（三）第三阶段（1976—1989年）：第二个繁荣时期

　　随着改革开放的不断深入发展，我国涌现出多家新的动画片生产部门，改变了上海美术电影制片厂一枝独秀的局面。全国共生产电影动画片219部，产生了一批代表中国动画片最高水平的优秀影片，改变了"文化大革命"时期动画题材单一的情况，如《哪吒闹海》《三个和尚》《天书奇谭》《猴子捞月》《鹿铃》《鹬蚌相争》《山水情》《葫芦兄弟》等。这些动画片收获了大量的国际奖项，确立了"中国学派"在世界动画中的地位。

（四）第四阶段（1990年至今）：扩大规模时期

　　20世纪90年代，中国动画片开始走上有别于传统的道路。与国外动画片生产商的经验交流，数字生产手段的大量介入，各种体制制作单位的多元发展，一专多能动画人才的不断成长，这些都使中国动画片的生产在数量和质量上出现了飞跃。尤其从1995年起，中国电影放映公司对动画片不再实行统购统销的计划经济政策，将动画产业推向市场，改变了动画片生产状态和经营方式，逐步确立了社会效益和经济效益双赢的观念。近年来，国产动画片的一大特点是大型动画技术实力明显增强，三维和二维电脑动画发展迅猛，形成从策划、创作、传播到系列产品开发的"大动画体系"新概念，从而带动了动画产业的腾飞。

2015年，动画片《西游记之大圣归来》最终收获票房近10亿元人民币。影片采用好莱坞的经典结构，东方的经典故事配合通行全球的3D特效，以及具有东方神韵的武打设计，把路人皆知的神话题材拍出了温暖世界的侠义情怀。2019年，动画片《哪吒之魔童降世》票房最终破50亿元，斩获20余个国内外奖项。动画片《罗小黑战记》作为个人工作室制作的动画，给人们带来了太多的惊喜，优良的画风及令人捧腹的剧情，体现了中国民间动画人的飞速成长与努力，如图1-1-11所示。

2015年首播的《超级飞侠》3D动画作品，凭借生动的人物、有趣的剧情、精良的制作、脑洞大开的设计，掀起的"超级旋风"席卷全球150余个国家和地区，全网播放量突破400亿次，在各大主流少儿频道及网络视频平台收视频频登顶，屡创新高。截至2023年5月，共14季，如图1-1-12所示。

图1-1-11　动画片《罗小黑战记》海报

图1-1-12　动画片《超级飞侠》海报

随着经济发展和文化产业的崛起，中国动画产业取得了显著的成就，丰富了中国社会和文化表现形式。国产动画片在促进孩子们努力学习、正确认识社会现实和探索未来发展路径方面都发挥了重要作用。许多动画作品都以科技、创新和智慧为主题，让孩子们学习科学、创新和思考，以应对未来的挑战。此外，国产动画片还为孩子们提供了一个安全的世界，培养他们形成正确的价值观，鼓励他们创新和探索，使他们能够更好地适应社会。中国动画产业更多地把真实社会的责任、义务和价值观，以及友谊、家庭感情等传递给孩子们，让他们有一个安全稳定的心理状态，给孩子们带来正能量。

评价与反思

知识学习评价						
序号	评价内容	评价标准	配分	评分记录		
				学生互评	组间互评	教师评价
1	陈述动画的起源	能准确、全面地说出评价内容	20			
2	简述中国动画发展史	能准确地说出中国动画主要发展阶段，并列举代表作品	20			
3	陈述中国动画特点	能准确、全面地说出评价内容	20			
4	学习笔记质量	学习笔记记录工整、严谨	40			
总分			100			
知识学习反思						

知识二　认识基本动画原理

一、动画的播放原理

动画实际上是一系列静止的画面，利用人类的视觉暂留现象，通过连续播放给人带来一种流畅的视觉变化效果。视觉暂留是指当观察者得到一个刺激后，仍然能够在刺激消失后一段时间内继续感知到该刺激的现象。这是由于人类的视觉系统在处理图像时具有一定的延迟和持续性。视觉暂留可以分为两种类型：正像暂留（正后像）和负像暂留（负后像）。

正像暂留（正后像）是指静止的画面连续闪动，当达到每秒24张临界点时，人类的大脑会认为它是自然连续运动的画面，如图1-2-1所示。影视动画艺术就是依据这一视觉生理特性而创作完成的，因此动画也被称为"24格"。

图1-2-1　连续播放的画面

二、运动画面的基本要素

运动画面的实现离不开原画、时间、节奏、动作设计等诸多要素。

（一）原画

原画是指在动画制作中绘制出的重要的画面。原画在动画制作过程中起到了指导和参考作用，后续的动画师和制作人员会根据原画进行动画绘制和制作。因此，原画的质量和精细程度对于最终动画的效果和质量来说有重要影响。

如图1-2-2所示，可以用两张表情画面表现人物心情的变化，从而交代一个简单的情节，这就是原画的作用。

如图1-2-3所示，表现钟摆运动的原画要绘制记录方向改变处和运动结束处的画面情况。

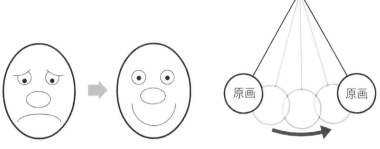

图1-2-2　用两张图片表现人物心情变化　　　　图1-2-3　钟摆原画位置

从图1-2-2、图1-2-3可以看出，原画是动画的"骨架"，顺着这个"骨架"一步一步地进行下去，就可以制作运动画面。

（二）时间与节奏

1. 时间

动画是将分解的画面逐帧拍摄连续播放，利用产生的动态视觉效果来展现时间、节奏和空间等内容要素。因此，动画制作人员要有明确的时间概念。一般情况下，一个动画长镜头时长在十几秒左右，普通镜头往往几秒钟，有些短镜头甚至不到半秒。动画片里的动作是以帧为基本单位计算的，每秒24~30帧。银幕上的动作无论是激烈的打斗场景，还是浪漫的爱情故事，都必须根据放映机每秒钟播放帧数来计算时间。所以，动画制作人员要把握帧在银幕上的意义。

2. 节奏

自然界中的所有运动都有节奏。而动画中的节奏是指画面之间距离的远近、动作幅度的大小、动作所表现的力量的强弱、动作速度的快慢及动作间的转折和停顿等方面的变化。除了这种具体的动作节奏，在整个剧情描述及镜头编排切换上都体现着节奏的韵律。例如，从情节铺垫到故事展开，再经过跌宕起伏的情节发展到故事高潮，最后进入故事尾声。整个故事节奏明显，起伏有序，这样才能引人入胜，扣人心弦，达到动画的创作目的。因此，动画制作人员在设计镜头时，除了注意动作的节奏变化，同时也要注意镜头之间的衔接节奏。掌握动画节奏的基本方法是正确处理原画（关键帧）之间的距离、拍摄时间、过渡画面（中间帧）的位置和帧数的关系。

原画（关键帧）之间的距离是指动作幅度，也就是指原画与原画之间的距离。间距越远，人或物体的速度就显得越快。相反，间距越近，人或物体的速度就会显得越慢，如图1-2-4所示。拍摄时间是指动作秒数，也就是指在原画之间绘制过渡画面（中间帧）时需用的格数，所用秒数越长、格数越多，动作的速度就越慢。相反，所用秒数越短、格数越少，动作的速度就越快。帧数是指画面的数量，也就是在两张原画（关键帧）之间拥有过渡画面（中间帧）数量的多少。过渡的画面越多，画面之间的间距就越近、越密集，动作的速度就越慢。相反，过渡的画面越少，画面之间的间距就越远，动作的速度就越快。动画节奏是受距离、时间和帧数这三个方面综合影响的，它们是相互关联的整体。

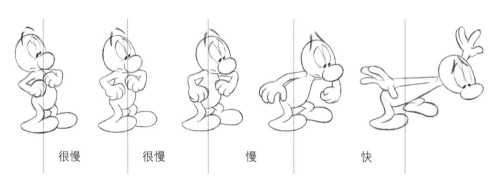

很慢　　　　很慢　　　　慢　　　　　快

图1-2-4　帧动作幅度与速度的关系

（三）预备动作

预备动作是发生在主要动作之前的动作。预备动作传递将要发生什么的信息，观众看到预备动作就知道要发生什么，他们便和动画片中的角色一起来准备。他们时刻跟随动画片中的角色，因为动画片中的角色做的每个动作中几乎都会有一个预备动作。

图1-2-5所示的是一个拍击桌面的人，当人物向桌面拍击时，身体和手要先抬起，向身后用力。第1~7帧是一个完整的预备动作，人物的力向实现动作的相反方向运动，第11帧处用力拍下，实现预先设计的动作。

▶ 动态图 ◀

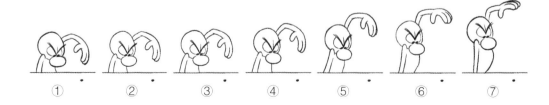

① 　　② 　　③ 　　④ 　　⑤ 　　⑥ 　　⑦

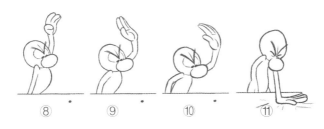

图1-2-5　含有预备动作的人物拍击动画帧

预备动作总是与主要动作发生的方向相反。任何动作都会由其反方向的先期运动增强力度。通常预备动作较慢，比动作本身幅度小一些，缓慢的预备动作后就是快速运动，这样的动作会更有力量。如果动作之前有一个预备动作，那么任何动作的力度都会加强。因此要欲前则后，欲上则下，欲下则上，规则是"我们向一个方向去之前，先向其反方向去"。

（四）缓冲动作

动作的缓冲发生在动作尾声，是从运动到完全静止的"柔和添加剂"。一个动作如果突然停止，会使人感到很生硬，这就犹如一辆行驶中的汽车停车的动作，急刹车和缓刹车效果是不同的。

设计缓冲动作时，不要使物体所有的部分都在同一时间内停止，要设计一些跟随动作。动作停止时，为了增加气氛、加强效果，身上的其他相对可以活动的部分如腿、脚、手臂、尾巴、飘带等，仍要在惯性的作用下继续运动，如图1-2-6所示。

▶ 动态图 ◀

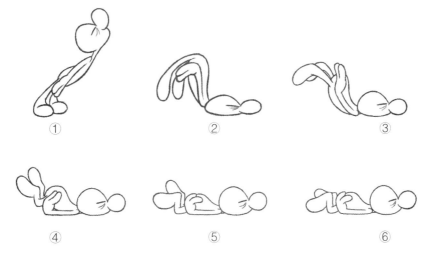

图1-2-6　人物倒地过程中腿部的缓冲动作

（五）跟随动作

跟随动作经常是制作物体附属物的"动画"，如图1-2-7所示的头顶帽子的动作，不能完全依照头部动画去绘制帽子的动作，帽子的动作多少有些独立性。如果不按照附属物的动作一帧帧制作，很难预见它们在几帧之后的具体位置，这就是所谓的跟随动作。物体附属物的跟随动作取决于以下三点：角色主体的动作；附属物本身的重量和柔韧程度；空气阻力和重力的影响。

▶ 动态图 ◀

①   ②   ③   ④   ⑤

图1-2-7　头顶帽子跟随人物头部的动作

（六）变形与夸张

动画语言的夸张性是一个动画片的灵魂。从故事构思阶段开始，动画就运用幻想和虚构夸张的手法进行创作，故事情节可以超越时空界限，让想象尽展翅膀。动画中任何事物都可以成为变形与夸张表现的素材。可以通过夸大角色或物品的特点、动作、表情等，使其看起来更加突出或具有趣味性，如图1-2-8所示。

▶ 动态图 ◀

①   ②   ③   ④

图1-2-8　变形与夸张表现

需要注意的是，变形和夸张的应用需要根据故事情节和表现需求来选择和运用，合理的变形和夸张可以增强动画的表现力，让观众更加深入地理解和感受角色的情感和故事情节的内涵。

评价与反思

知识学习评价						
序号	评价内容	评价标准	配分	评分记录		
				学生互评	组间互评	教师评价
1	叙述动画的播放原理	能准确、全面地说出评价内容	20			
2	叙述运动画面的基本要素	能说出动画中原画、时间、节奏之间的关系；能简述预备动作、缓冲动作、跟随动作的动作特点	40			
3	学习笔记质量	学习笔记记录工整、严谨	40			
总分			100			
知识学习反思						

知识三　认识Animate动画

一、认识矢量动画

矢量动画是一种使用矢量图形来创建的动画形式。与传统的位图动画不同，矢量动画使用数学方程来描述图形，而不是像素点。这使得矢量图形可以在任何尺寸下保持清晰和锐利，而不会出现像素化或失真的问题，如图1-3-1所示。

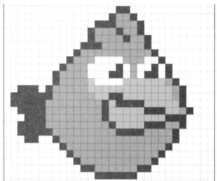

图1-3-1　矢量图（左图）与像素图（右图）的模拟效果

矢量动画的主要特点是具有可伸缩性和可编辑性。由于矢量图形是由数学公式生成的，因此可以轻松地调整其大小和比例，而不会影响图像的质量。此外，矢量图形也可以方便地进行编辑和修改，使得动画制作过程更加灵活和高效。

常见的矢量动画软件包括Adobe Animate、Toon Boom和Synfig Studio等。这些软件提供了丰富的工具和功能，可以帮助动画制作者创建出精美的矢量动画效果。矢量动画广泛应用于电影、电视、广告和游戏等领域，具有良好的视觉效果和动态表现力。

二、矢量动画的制作流程

（一）总体设计

在总体设计阶段，动画制作者依次要完成剧本创作、人物场景设定、分镜头绘制等多个制作内容。剧本创作前要收集资料，确定题材。剧本创作在一开始就要考虑矢量动画的自身特点进行构思。当资料收集完备后，人物和场景在制作者的大脑中也应该有了初步规划，只需把规划好的人物和场景绘出来即可，但需要按动画的风格调整人物和场景的比例、色调。矢量动画中的"场景"概念，其实就是影片分镜头的体现。一部动画短片可以分为若干个镜头，当衔接起来时，就是一部完整的动画。

（二）软件制作

先把已经绘制好的完整分镜头导入动画软件中，做成演示片。这样可以预览整体动画效果，如有不理想之处，可以及时对故事分镜头进行修改，防止片子做完后再返工。在软件中绘制设计好的人物和场景，有的团队会根据自己的工作需要将设计工作直接放在动画软件里完成。将绘制好的人物和场景保存成元件，根据分镜调整关键帧、元件和动作。对于音乐感比较强的动画，可以根据导入音乐节奏调节动画节奏。

（三）设置输出

调整场景间的切换效果。根据动画需要，使用专业配音效果处理特效音和背景音。在动画制作完成后，进行输出。通常情况下，SWF是Animate动画的默认输出格式，也可根据工作的实际需求进行选择。例如，GIF格式只有画面信息，适合聊天平台作为表情应用；MP4格式兼容性较好，适合作为普通视频发布；QuickTime（MOV）格式清晰稳定，适合剪辑对接；逐帧画面输出精确、无声，适合高清特效视频制作。除此之外，Animate也支持手机应用开发功能，可以配合插件输出为手机安装包。

三、Animate动画的特点

Animate是矢量动画软件Flash的继承者。随着技术手段的不断完善，Animate已从Flash时期的个人化矢量动画软件升级为专业动画工具。与传统动画制作流程相比，用Animate制作动画有以下五个特点。

软件稳定性强：在制作矢量动画，特别是大型、复杂矢量动画时，Animate软件比较稳定，出现死机或软件崩溃的可能性比较小。

交互性优势：Animate的AS3.0语言完善，交互性优势明显，能够更好地满足受众的需要。它可以让欣赏者的动作成为动画的一部分，通过点击、选择等动作决定动画的运行过程和结果，这一点是传统动画所无法比拟的。

简单高效：Animate继承了Flash简便制作动画的特性，简单的生产资料就可以制作出一段有声有色的动画片段。相对于传统动画制作流程，Animate制作动画会大幅度降低制作成本，减少人力、物力资源的消耗。另外，Animate支持骨骼绑定功能，动画调节相较于Flash更加高效。

格式灵活：由于使用的是矢量图，Animate动画文件小、传输速度快，方便网络传播。同时Animate也可以输出为位图视频格式，为影视剪辑提供高清素材。得益于Adobe软件群的优势，Animate可以有效融入新媒体视频制作流程。

风格新颖：与传统动漫相比，Animate矢量动画是一种新时代的艺术表现形式，视觉效果比传统动漫更加灵巧。

四、Animate动画师的工作职责

（一）工作职责

Animate动画师的工作职责包括但不限于以下内容：

① 参与脚本策划，分镜设计；

② 参与场景和角色设定，以及元件的制作；

③ 负责动画、动画特效制作合成；

④ 与程序开发人员配合，将动画与程序结合。

（二）需要具备的职业素养和工作能力

1. 职业素养

职业素养是一个职场人必须具备的基本素养。具备良好的职业道德，遵守行业法规、规范以及企业规章制度是一个Animate动画师必须具备的基本素质。此外，具有良好的人际沟通能力、团队协作精神和客户服务意识，以及获取前沿技术信息和学习新知识的能力也是非常重要的。

2. 工作能力

工作能力是一个Animate动画师必须具备的关键素养。优秀的Animate动画师需要具备出色的创意、扎实的美术功底、广博的知识储备和丰富的想象力，并能全面把握动画市场整体发展情况。Animate动画师要掌握软件的功能特性，这是开展工作的技术前提，如逐帧动画、补间动画、骨骼动画、遮罩动画和引导层动画等各类动画的制作技巧。了解各种风格作品创作的流程和方法。具备敏锐的观察力，善于分析并解构物体运动的基本规

律。能够根据影片风格设计动画人物、道具和场景。能够灵活运用时间轴和图层的层级制作出不同风格和效果的动画。

（三）提高职业素养和工作能力的方法

不断学习新知识：作为一名Animate动画师，需要不断更新自己的技能和知识，以跟上行业发展的步伐。动画行业的技术和风格日新月异，为了保持竞争力，动画师必须时刻关注行业动态，学习新技术和创作思路。通过参加培训课程、关注行业论坛等途径，动画师可以掌握最新的制作技巧，提高制作效率，拓展创作思路，为未来发展打下坚实的基础。

多实践、多尝试：理论知识固然重要，但真正的技能提升来源于实践。只有通过不断地实践，Animate动画师才能熟练掌握各种制作技巧。在工作中，要勇于尝试不同风格和技术，不断挑战自己的极限。同时，要善于总结经验教训，分析每次实践中的得失，以便更好地调整学习方向和策略。

积极沟通：在团队协作中，有效的沟通至关重要。Animate动画师需要与导演、编剧、美术设计师等相关人员进行密切沟通，确保对项目理解和创意的一致性。通过积极的沟通，可以更好地理解项目需求和预期效果，从而更好地完成工作任务。同时，与其他行业人士的交流也能帮助动画师了解行业最新动态和趋势，为未来发展提供有益参考。

保持热情：Animate动画师要具备浓厚的兴趣和热情，才能持续不断地投入创作。对动画的热爱可以激发无限创意和想象力，使作品更具吸引力和感染力。为了保持热情，动画师可以通过尝试参与各种创意活动，观看优秀的动画作品，与同行交流心得等，不断激发自己的创作灵感和动力。

管理好时间：动画制作是一项繁琐而耗时的工作，合理的时间管理对高效完成项目至关重要。Animate动画师需要制订详细的工作计划，合理安排时间节点，确保每个环节都能按时完成。同时，要学会区分轻重缓急，优先处理紧急且重要的任务，避免拖延和影响整个项目进度。有效的时间管理不仅能提高工作效率，还能减轻工作压力，使动画师更专注于创作本身。

自主解决问题：在工作中遇到技术难题或创作瓶颈时，Animate动画师要能够独立思考、自主解决，可以通过查阅资料、观看教程、请教他人等方式寻找解决方案，还可以参加行业交流会，加入专业社群，与同行分享经验、探讨问题，以此提高专业素养，从而更好地应对未来的挑战。

评价与反思

知识学习评价						
序号	评价内容	评价标准	配分	评分记录		
				学生互评	组间互评	教师评价
1	叙述矢量动画的特点和制作矢量动画的工作流程	能准确、全面地说出评价内容	20			
2	简述Animate动画的特点	能准确、全面地说出评价内容	20			
3	叙述Animate动画师的工作职责	能准确、全面地说出评价内容	30			
4	学习笔记质量	学习笔记记录工整、严谨	30			
总分			100			
知识学习反思						

一、选择题（包含单选题与多选题）

1. 第一部有声动画电影的名称是（　　）。

    A.《恐龙葛蒂》　　　　　　　　　　B.《小尼莫》

    C.《花与树》　　　　　　　　　　　D.《白雪公主和七个小矮人》

2. 我国乃至亚洲的第一部动画长片的名称是（　　）。

    A.《骆驼献舞》　　　　　　　　　　B.《铁扇公主》

    C.《小蝌蚪找妈妈》　　　　　　　　D.《乌鸦为什么是黑的》

3. 动画电影使用了水墨动画技术的有（　　）。

    A.《天书奇谭》　　　　　　　　　　B.《牧笛》

    C.《小蝌蚪找妈妈》　　　　　　　　D.《大闹天宫》

4. 视觉暂留可以分为（　　）两种类型。

    A. 灯光暂留　　　　B. 阴影暂留　　　　C. 正像暂留　　　　D. 负像暂留

5. 物体附属物的跟随动作取决于（　　）。

    A. 角色主体的动作　　　　　　　　　B. 附属物本身的重量和柔韧程度

    C. 画面色彩表现　　　　　　　　　　D. 空气阻力和重力的影响

6. 关于矢量动画的特点描述正确的是（　　）。

    A. 矢量动画使用数学方程来描述图形

    B. 矢量动画图形可以在任何尺寸下保持清晰和锐利

    C. 矢量动画图形具有像素化特点

    D. 使用Adobe Animate可以制作矢量动画

7. 使用Animate制作动画的特点包括（　　）。

    A. 具有交互性优势　　　　　　　　　B. 简单高效

    C. 格式灵活　　　　　　　　　　　　D. 风格新颖

8. 在输出Animate动画过程中，（　　）视频格式最适合对接视频剪辑工作。

    A. SWF　　　　　　B. MOV　　　　　　C. MP4　　　　　　D. GIF

9. Animate动画师的工作职责包括（　　）。

   A. 参与脚本策划，分镜设计

   B. 参与场景和角色设定，以及元件的制作

   C. 负责动画、动画特效制作合成

   D. 与开发人员配合，将动画与程序结合

10. 提高Animate动画师职业素养和工作能力的方法包括（　　）。

   A. 不断学习新知识，自主解决问题　　B. 多实践、多尝试

   C. 保持热情，积极沟通　　　　　　　D. 管理好时间

二、判断题

1. 随着经济和文化产业的迅速发展，中国动画行业取得了显著的成就，影响了中国社会和文化表现形式。国产动画在促进孩子们努力学习、正确认识社会现实和探索未来发展路径方面都发挥了重要作用。（　　）

2. 一般情况下，一个动画长镜头时长在十几秒左右，普通镜头往往几秒钟，有些短镜头甚至不到半秒。（　　）

3. 负像暂留（负后像）是指静止的画面连续闪动，当达到每秒24张临界点时，人类的大脑会认为它是自然连续运动的画面。（　　）

4. 原画在动画制作过程中起到了指导和参考的作用，后续的动画师和制作人员会根据原画进行动画的绘制和制作。（　　）

5. 帧数是指动画的时长，也就是动画片段从开头到结尾的时间数。（　　）

6. 预备动作是发生在主要动作之前的举动，而动作的缓冲发生在动作尾声。（　　）

▶ 模块一 ◀
知识巩固答案

模块二　Animate的基本应用

学习一款应用软件，首先要了解软件的界面和基本工作流程。学会如何建立、保存、输出文件是软件学习者的第一要务。Adobe Animate 2023工作界面对学习者友好，软件拥有良好的兼容性和稳定性，支持传统Flash文件编辑的同时，拥有多种输出格式。本模块通过矢量图形绘制，帮助学习者学习Adobe Animate 2023的基本功能。

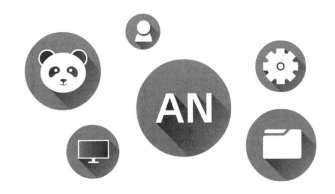

学习目标

[加粗部分对应1＋X动画制作职业技能等级要求（初级）]

素养目标

① 具备健康向上的审美情趣；② 养成勤于练习、乐于思考的学习习惯；③ 具备良好的工作态度、创新意识以及精益求精的工匠精神。

知识目标

① 掌握Animate动画文件的建立、保存、输出流程；② 了解Animate软件界面工作区域划分方式；③ 掌握Animate软件工具面板的基本功能。

能力目标

能够使用Animate软件绘制简洁、美观的矢量图形（图标、标题、卡通形象、道具）。

任务一
建立并保存文件——初识工作界面

任务描述

建立并保存Animate文件。

任务要求：① 命名与路径保存规范；② 文件内部要求有画面内容，不能为空。

任务相关知识

Animate软件的界面由多个面板组成，常用工作模块包括菜单栏、工具栏、时间轴、绘制工作区、属性面板和其他浮动面板等，如图2-1-1所示。

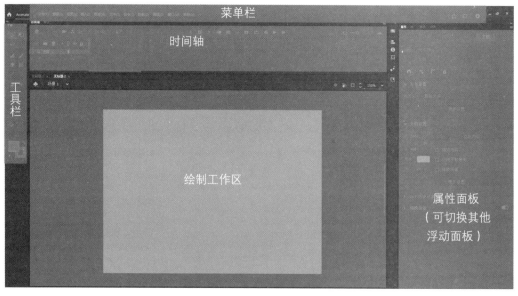

图2-1-1　Animate软件界面

一、菜单栏

打开Animate软件后，在界面最上方显示了软件的标志和菜单栏。菜单栏基本继承了Flash的功能架构。在菜单栏中可以执行Animate的大多数功能操作，如新建、编辑和修改等。菜单栏中有文件、编辑、视图、插入、修改、文本、命令、控制、调试、窗口、帮助、快速共享发布、工作区、测试影片14个菜单项，如图2-1-2所示。

图2-1-2　菜单栏

从图2-1-3所示的"文件"栏目弹出选项可以看出，快捷键在菜单栏内可预览，经常使用快捷键者对菜单栏的依赖有限。菜单栏的大部分功能项是实体按钮的补足，常用的工具选项在后面的课程作具体讲解。

"文件"栏目能够实现文件的生成、存储和输出。Animate的文件输出格式多样，除手机应用外，在"发布设置"中可以查看主要的输出格式调节参数。需要注意的是，单击"新建"后，"新建文档"界面的"平台"选择决定了输出格式，例如动画要输出为手机应用格式，那么前期在"平台"选项中要选择手机相关平台。

"窗口"栏目是初学者常用的栏目。操作初期，部分工具栏经常被不小心删除，可以通过"窗口"栏目找回。

Animate菜单栏的"帮助"栏目功能强大，同步教程相对完善，部分教程可交互，适合初学者学习，如图2-1-4所示。

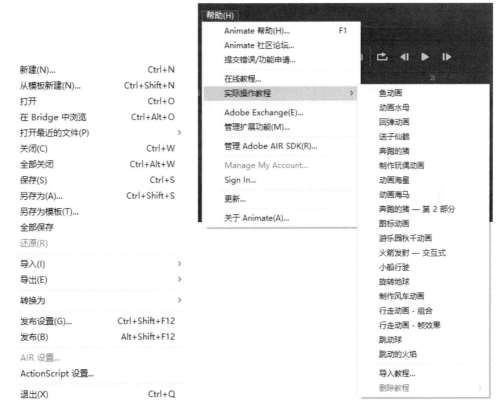

图2-1-3　快捷键在菜单栏内可预览　　　图2-1-4　"帮助"栏目提供软件教程

作为Adobe的系列工具软件，与同系列软件相似，Animate提供工作区编辑功能，不同工种的软件操作者可以根据自身的工作特点和使用习惯选择自己的工作区，如图2-1-5所示。本书以"传统"作为讲解对象。

图2-1-5　工作区

二、工具栏

如图2-1-6所示，工具栏由四个部分组成。最上面的第一栏是选项工具栏，可以对图形、色彩等素材进行选择、移动、变形等操作。第二栏是绘图工具栏，可以用画笔、橡皮、线条、矩形、椭圆等工具进行绘画。第三栏是综合工具栏，利用"钢笔工具"等可以勾画精确的线条，利用"墨水瓶工具"可以填充线条的颜色，用"颜料桶工具"可以填充内部颜色，用"吸管工具"可以吸取颜色，用"资源变形工具"可以调节位图动画。第四栏有"手形工具""缩放工具""骨骼工具""宽度工具"，其中利用"手形工具""缩放工具"可以查看窗口，利用"骨骼工具"可以对元件进行骨骼动画调节，利用"宽度工具"可以调整线条粗细。相较Flash，"资源变形工具""骨骼工具""宽度工具"是Animate的特有功能。

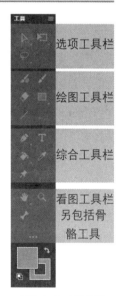

图2-1-6　工具栏

三、时间轴

动画的基本单位是以时间计量的，所以时间轴是所有视频制作软件的常规工作区，如图2-1-7所示。图层的创建、图层的编辑、动画的时间控制、关键帧的增减都在这里进行操作。

图2-1-7 时间轴

四、绘制工作区

绘制工作区，也称舞台区域，是动画绘制的区域，默认的白色区域就是动画显示区域，只有舞台区域中的各元素能在动画输出时显示出来。在舞台区域点击鼠标右键就会弹出"标尺""网格""辅助线"等工具，如图2-1-8所示。它们可以使动画元素的移动更为精准与方便。

图2-1-8 "标尺""网格""辅助线"工具

选择"标尺"后，会在舞台区域左侧和上方显示标尺，帮助用户在绘图或编辑影片的过程中对图形对象进行定位。而"辅助线"则通常与"标尺"配合使用，通过舞台区域中辅助线与标尺的对应，用户可更精确地对场景中的图形对象进行调整和定位，如图2-1-9所示。

选择"网格"后，舞台区域会出现如图2-1-10所示的效果。"标尺""网格""辅助线"三种工具仅为绘图辅助工具，在未来的输出文件中不可见。

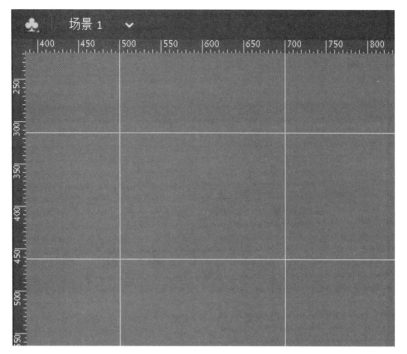

图2-1-9　使用"标尺"与"辅助线"规范图形

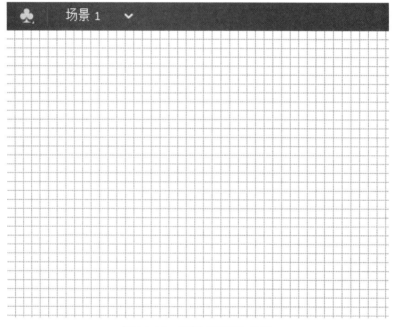

图2-1-10　使用"网格"效果

五、界面右侧面板

界面右侧有属性、颜色、动作、库、资源等面板，功能多样，分别适用于不同工作情景，可以根据实际工作需求选择摆放。利用鼠标拖动可以将这些面板转化为浮动面板，如图2-1-11所示。

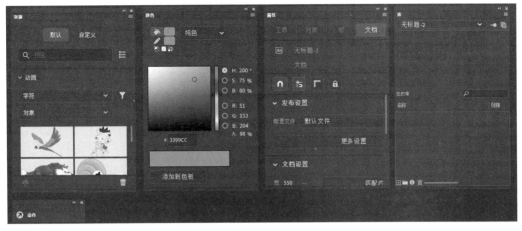

图2-1-11　浮动面板

　　属性面板主要用于各种参数调整，使用频繁。属性面板可以根据鼠标选择项目变化界面，鼠标选中某工具，属性面板就对应出现该工具的属性。

　　颜色面板主要用于图形、线条和文字的颜色调节。Animate颜色面板有"HSB""RGB"两种调色模式，可以为对象提供"无""纯色""线性渐变""径向渐变""位图填充"五种填充方式，如图2-1-12所示。

　　动作面板用于编写和编辑ActionScript脚本，以控制动画和交互行为，如图2-1-13所示。

图2-1-12　颜色面板

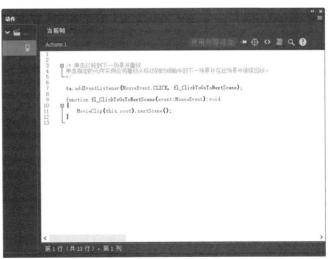

图2-1-13　动作面板

　　库面板一直都是Flash系列软件的特色，保存在库里的文件可以供用户反复调用，如图2-1-14所示。

图2-1-14　应用库面板资源

资源面板是Animate较新的面板功能，它提供了现成的"动画""静态""声音剪辑"资源。这些资源可以利用鼠标拖入舞台区域使用，如图2-1-15所示。

图2-1-15　调用资源面板

任务实施

步骤一 创建与保存。打开软件，在"文件">"新建">"角色动画"中创建一个1280像素×720像素、24帧速率的ActionScript 3.0文件，如图2-1-16所示。文件建立后，可以在属性面板调整尺寸和帧速率参数，如图2-1-17所示。保存文件在一个固定路径，如图2-1-18所示。

► 微课 ◄

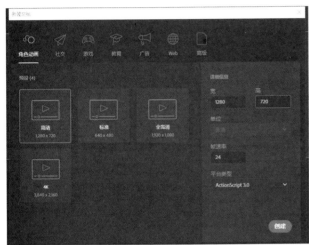

图2-1-16 新建文件

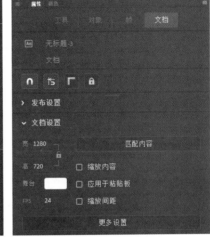

图2-1-17 调整尺寸和帧速率参数

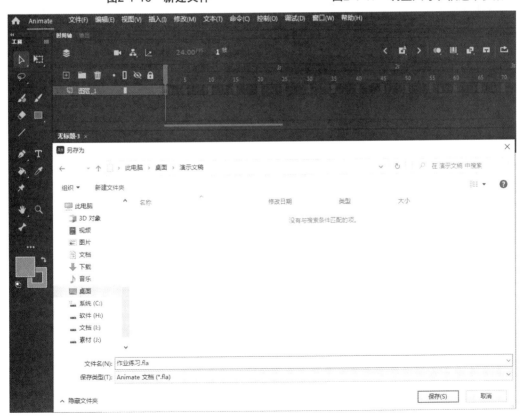

图2-1-18 保存文件

步骤二 调用资源。调用资源面板中的动画素材，如图2-1-19所示。

图2-1-19 调用动画素材

步骤三 预览调试输出。按Ctrl＋Enter键，或者点击"测试影片"按钮可以进行动画预览。因调试前保存过文件，所以可以看到SWF输出文件就在fla源文件旁，如图2-1-20所示。然后再次保存文件。

作业练习.fla　　　　　　　　作业练习.swf

图2-1-20 调试输出

注意事项：① 创建文件后及时保存是个好习惯，可以防止电脑死机带来的不可控的损失，也可及时存储导出文件。② 工具栏的部分工具是叠加摆放的，需要点击左键查找，如"圆形工具"在"矩形工具"图标内。③ SWF仅为Animate默认输出格式，如想尝试输出其他类型的文件，可以使用"文件"＞"导出视频/媒体"＞"格式"进行输出格式选择，如图2-1-21所示。

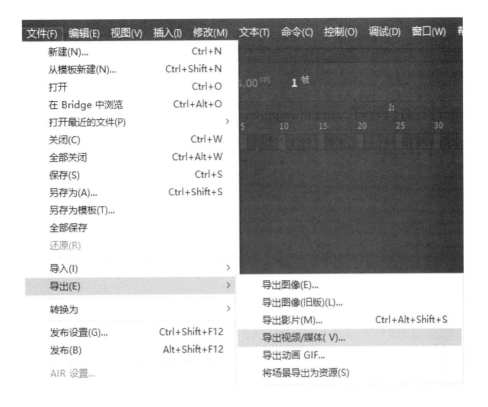

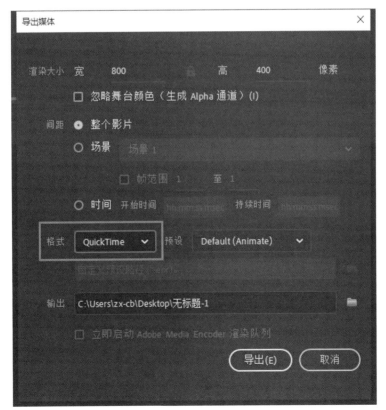

图2-1-21 "导出视频/媒体"的位置

学习笔记

评价与反思

		任务评价					

序号	评价内容	评价标准	配分	评分记录		
				学生互评	组间互评	教师评价
1	操作过程	能够准确、熟练地完成操作步骤	40			
2	简述软件界面功能	能准确地说出Animate软件主要界面板块的功用	20			
3	学习笔记质量	学习笔记记录工整、严谨	20			
4	沟通交流	能够积极、有效地与教师、小组成员沟通交流	20			
	总分		100			
	任务反思					

任务二
绘制熊猫图标——矢量图形应用

任务描述

利用Animate绘制矢量熊猫图标。

任务要求：① 图标尺寸为500像素×500像素，呈圆角正方形；② 熊猫特征明显，图标简洁、美观。

任务分析

熊猫憨态可掬，是我国的国宝。熊猫的美术特点为黑白配色、圆滚滚的身体、大而圆的眼睛，如图2-2-1所示。熊猫图标颜色简单，适合使用圆形概括，绘制时尽量使用平滑线条。Animate大部分静态绘制工具在绘制熊猫图标的过程中都有体现。

任务相关知识

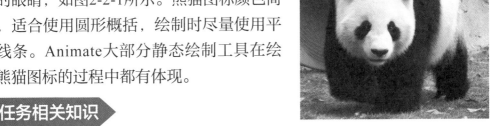

图2-2-1　熊猫形象

一、工具介绍

Animate软件中线条和图形是分离的。绘制图形时，往往先画线框，再填充颜色。绘制规整的几何形时，可使用对应的几何形状工具直接绘制。通常情况下，可以将绘制矢量图形的工具分为选择类、画线类、图形类、填充变形类四类。

（一）选择类工具

常用的选择类工具包括"选择工具""部分选取工具""套索工具""多边形工具""魔术棒"等多种工具。

1. 选择工具

在Animate软件中，"选择工具"与"部分选取工具"叠加放置，如图2-2-2所示。"选择工具"是Animate软件常用的工具之一。"选择工具"功能多样，可以实现对图形线条的选择、移动、复制、删除和调整。

图2-2-2　"选择工具"与
"部分选取工具"位置

选择图形线条：对于由一条线条组成的图形，只需用"选择工具"单击该线条即可。对于由多条线条组成的图形，若要选取全部关联线条，只需双击该线条即可。如果线条相互不连接，此选择方式无效，如图2-2-3所示。对于既有线条又有颜色填充的图形，若要选取整个图形，只需用鼠标将要选取的图形用矩形框选即可，如图2-2-4所示。

移动图形线条：利用"选择工具"移动图形线条时，选中要移动的对象，按下鼠标左键不放，拖动该对象到指定位置释放鼠标即可。与"线条工具"相似，按住Shift键拖动，可以将被移动对象以45°的倍数方向进行移动，如平移、竖移、斜45°移动。

复制、删除图形线条：利用"选择工具"复制图形线条时，选中要复制的对象，按Alt键拖动该对象即可完成复制。若想粘贴在原来的位置上，复制后单击鼠标右键，选择"粘贴到当前位置"即可，如图2-2-5所示。也可以使用Ctrl＋C键（复制）和Ctrl＋V键（粘贴）完成复制粘贴。

利用"选择工具"删除图形线条时，选中要删除的对象，按Delete键即可。

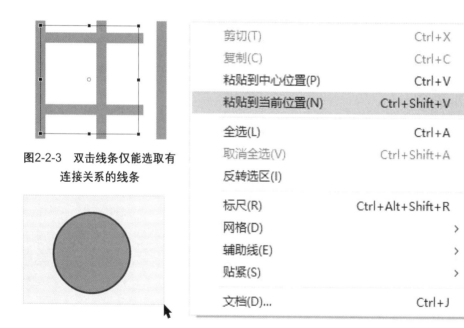

图2-2-3　双击线条仅能选取有
连接关系的线条

图2-2-4　框选图形　　　　　　图2-2-5　选择"粘贴到当前位置"

翻转图形线条：利用"选择工具"可以对图形线条进行翻转操作。选中图形线条后，单击鼠标右键，会出现如图2-2-6所示的菜单。根据实际工作要求，选择"变形">"垂直翻转"或"水平翻转"就可以实现图形线条翻转。

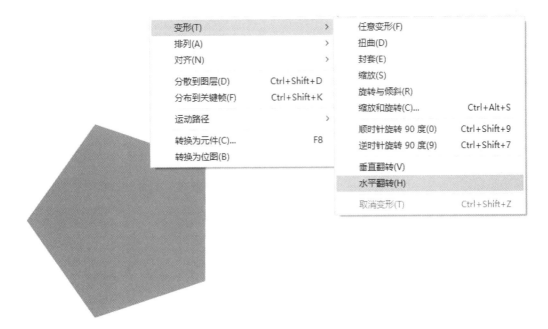

图2-2-6　翻转图形

调整图形线条："选择工具"对图形线条的调整功能属于贝塞尔曲线功能性质的范畴，但不能显示节点和贝塞尔曲线手柄，如果要对图形进行精细调节，建议使用"部分选取工具"。可以直接使用"选择工具"调整线条的弧度，将"选择工具"移动到线条或图形边缘上，当下方出现弧度标识时拖动鼠标即可进行调整，如图2-2-7所示。

图2-2-7　调整前（左图）
与调整后（右图）

知识
拓展

贝塞尔曲线又称贝兹曲线或贝济埃曲线，是应用于二维图形应用程序的数学曲线。一般情况下，贝塞尔曲线由起始点和控制手柄组成。起始点是曲线的起点，而控制手柄则控制曲线的弯曲程度和方向，如图2-2-8所示。通过调整它们的位置和形状，可以创建平滑或复杂的曲线形状。Animate软件的"选择工具""部分选取工具""钢笔工具"都具备贝塞尔曲线功能，绘图时可以根据工作习惯选择使用。

图2-2-8　贝塞尔曲线

2. 部分选取工具

"部分选取工具"主要用于对各对象形状节点的编辑和贝塞尔曲线的调节。使用"部分选取工具"点击对象边缘时，会显示该对象的节点线条结构，如图2-2-9所示。可以使用"部分选取工具"移动节点位置，如图2-2-10所示。

一般情况下，"部分选取工具"可以直接对曲线和曲面边缘进行贝塞尔曲线调节。对直线节点进行调节时需要加按Alt键，弹出贝塞尔手柄时就可以松开Alt键了，如图2-2-11所示。

图2-2-9　显示节点线条结构　　图2-2-10　移动节点位置　　图2-2-11　调节直线节点

调节贝塞尔曲线时，曲线上的每个节点都有两个贝塞尔手柄，用于控制曲线的切线和曲率。拖动手柄会改变曲线的弯曲程度和方向。当同一节点的两个贝塞尔手柄呈180°时，两个贝塞尔手柄会联动形成杠杆，此时曲面最圆滑，如图2-2-12所示。按Alt键可以打断联动杠杆。

图2-2-12　不同杠杆角度对图形产生不同影响

3. 套索工具、多边形工具、魔术棒

在Animate软件中，"套索工具""多边形工具""魔术棒"叠加放置，如图2-2-13所示。三个工具与Photoshop中三种工具同名，且使用方法相似，擅长选择位图范围。但Animate作为矢量图形软件，选择工作多集

图2-2-13　"套索工具""多边形工具""魔术棒"位置

中在色块选择，所以这三种工具在Animate软件操作过程中使用频率不高。

套索工具：使用该工具在位图中单击鼠标圈选出选择区域。"套索工具"与"选择工具"的功能相似。同"选择工具"相比，"套索工具"的选择方式有所不同。使用"套索工具"可以自由选定要选择的区域，而不像"选择工具"将整个对象都选中。

多边形工具：单击该工具切换到多边形套索模式，配合鼠标的多次单击，圈选出直线多边形选择区域。

魔术棒：单击该工具在位图中快速选择颜色近似的所有区域。在对位图进行"魔术棒"操作前，必须先将该位图打散（Ctrl＋B键），再使用"魔术棒"进行选择。只要在图上单击，就会有连续的区域被选中。

（二）画线类工具

常用的画线类工具包括"线条工具"和"钢笔工具"。

1.线条工具

"线条工具"主要用于绘制线条。单击工具栏中的"线条工具"，在舞台区域中单击鼠标左键并拖动鼠标，到达理想位置后，松开鼠标即可创建直线。在绘制线条过程中，按住Shift键并拖动线条，可以将线条的角度限制为45°的倍数，如图2-2-14所示。

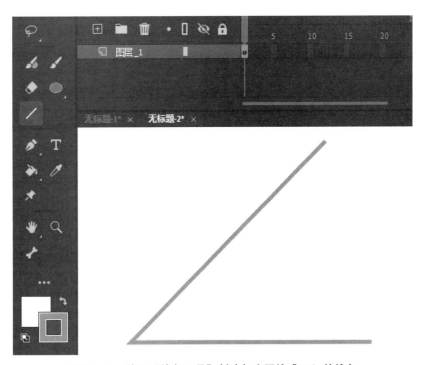

图2-2-14 使用"线条工具"创建与水平线成45°的线条

选择"线条工具"，在属性面板中可以修改线条的颜色和样式，如图2-2-15、图2-2-16所示。

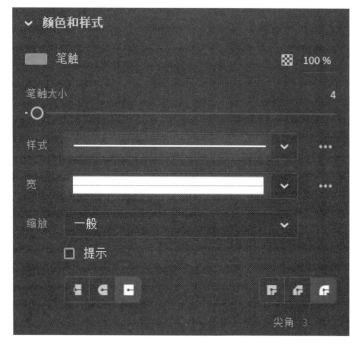

图2-2-15　线条属性面板

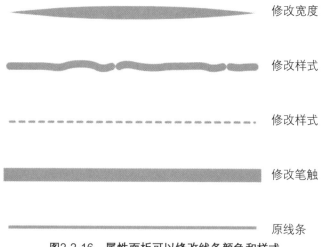

图2-2-16　属性面板可以修改线条颜色和样式

2. 钢笔工具

"钢笔工具"是Animate软件中常用的工具之一。使用该工具可以创建平滑的曲线和精细的线条。"钢笔工具"与"部分选取工具"都是依靠贝塞尔曲线完善线条，不同之处是，"部分选取工具"重在调节，"钢笔工具"便于创作。

使用"钢笔工具"绘制曲线时，先定义起始点，在定义终止点的时候按住鼠标的左键不放，会出现一条线，移动鼠标改变曲线的斜率，释放鼠标后，曲线的形状便确定了，如图2-2-17所示。绘制完成后，按Esc键可以结束绘制任务。使用"钢笔工具"还可以对存在的图形轮廓进行调节，调节方法与"部分选取工具"相似。

"钢笔工具"与"添加锚点工具""删除锚点工具""转换锚点工具"叠加放置，如图2-2-18所示。

使用"添加锚点工具"可以在路径上添加锚点。选择该工具，将鼠标指针放在需要添加锚点的路径上，此时鼠标指针如图2-2-19所示。单击鼠标即可添加锚点。

路径中不需要的锚点可以使用"删除锚点工具"删除。单击"删除锚点工具"，然后在路径上将鼠标指针放在需要删除的锚点上，此时鼠标指针如图2-2-20所示。单击鼠标即可删除锚点，此时路径的形状也会改变。

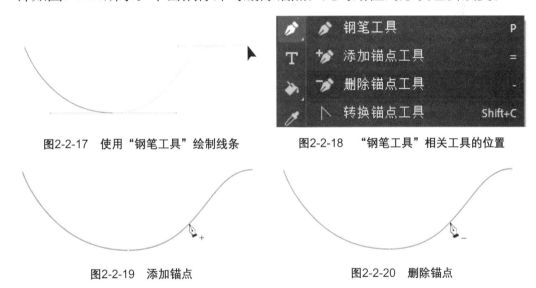

图2-2-17　使用"钢笔工具"绘制线条　　　　图2-2-18　"钢笔工具"相关工具的位置

图2-2-19　添加锚点　　　　　　　　　　图2-2-20　删除锚点

（三）图形类工具

Animate软件中将"矩形工具"与"椭圆工具"叠加放置，长按"矩形工具"按钮，会弹出如图2-2-21所示的菜单效果。"椭圆工具"主要用于绘制圆和椭圆，"矩形工具"主要用于绘制正方形和矩形。两个工具的使用方式与"线条工具"类似，都是依靠鼠标左键的拖动和释放实现。这两种工具在默认情况下，绘制出的图形自带线条。创建过程中，按Shift键可以得到正圆形和正方形，如图2-2-22所示。

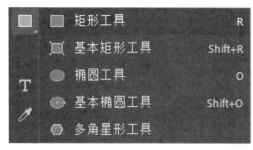

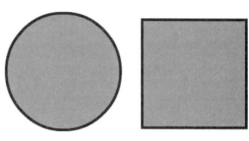

图2-2-21　"矩形工具"与"椭圆工具"位置　　　　图2-2-22　按Shift键创建的正圆形和正方形

　　"基本矩形工具"和"基本椭圆工具"分别是"矩形工具"和"椭圆工具"的升级版，它们不但能够实现"矩形工具"和"椭圆工具"的基本功能，还能够实现一些特殊效果。"基本矩形工具"善于制作带圆角的矩形图标。图形创建后，使用"选择工具"可以选择任意一个顶点进行拖动调节，最终效果如图2-2-23所示。"基本椭圆工具"善于制作饼状图效果。图形创建后，使用"选择工具"可以选中图形轮廓右侧亮点进行拖动调节，最终效果如图2-2-24所示。

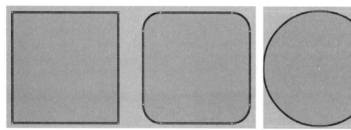

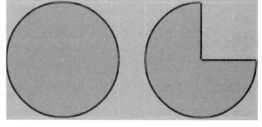

图2-2-23　使用"基本矩形工具"绘制的图形　　　图2-2-24　使用"基本椭圆工具"绘制的图形
（左图）与"选择工具"调整后效果（右图）　　　（左图）与"选择工具"调整后效果（右图）

　　以上四种工具所创建的图形都可以通过属性面板修改图形线条与颜色属性。

（四）填充变形类工具

　　填充变形类工具包括"颜料桶工具""墨水瓶工具""滴管工具""任意变形工具"和"渐变变形工具"。

1.颜料桶工具

　　"颜料桶工具"与"墨水瓶工具"叠加放置，如图2-2-25所示。"颜料桶工具"是绘图编辑中常用的填色工具，对封闭的轮廓范围或图形区域进行颜色填充。这个区域可以是无色区域，也可以是有颜色的区域。"颜料桶工具"有三种填充模式：单色填充、渐变填充和位图填充。通过选择不同的填充模式，"颜料桶工具"可以制作出不同的效果。工具栏底部的"间隔大小""锁定填充"按钮是"颜料桶工具"特有的附加功能选项。单击"间隔大小"按钮，弹出一个下拉列表框，如图2-2-26所示。用户可以在此选择"颜料桶工具"判断近似封闭的空隙宽度。

图2-2-25　"颜料桶工具"与"墨水瓶工具"位置

图2-2-26　"间隔大小"和"锁定填充"按钮

不封闭空隙："颜料桶工具"只可以填充完全封闭的区域，对有任何细小空隙的区域的填充都不起作用。

封闭小空隙："颜料桶工具"可以填充完全封闭的区域，也可填充有细小空隙的区域，但是对有中等大小空隙的区域填充仍然无效。

封闭中等空隙："颜料桶工具"可以填充完全封闭的区域、有细小空隙的区域，也可以填充有中等大小空隙的区域，但对有大空隙区域的填充无效。

封闭大空隙："颜料桶工具"可以填充完全封闭的区域、有细小空隙的区域、有中等大小空隙的区域，也可以对大空隙区域进行填充，不过空隙的尺寸过大，"颜料桶工具"也是无能为力的。

"锁定填充"按钮主要用于设置"颜料桶工具"的渐变范围。默认情况下，渐变之间是独立的，点击后填充的渐变会按照已有渐变幅度表现。

2. 墨水瓶工具

使用"墨水瓶工具"可以更改线条或者形状轮廓的笔触颜色、宽度和样式。选择工具栏中的"墨水瓶工具"，打开属性面板，在面板中可以设置笔触颜色和笔触高度等参数。

3. 滴管工具

"滴管工具"用于对色彩进行采样，可以拾取描绘色、填充色及位图图形等。在拾取线条颜色后，"滴管工具"自动变成"墨水瓶工具"，在拾取填充色或位图图形后自动变成"颜料桶工具"。在拾取颜色或位图后，一般使用这些拾取到的颜色或位图进行着色或填充。"滴管工具"并没有自己的属性。工具栏的选项面板中也没有相应的附加选项设置，这说明"滴管工具"没有任何属性需要设置，其功能就是对颜色进行采集。

使用"滴管工具"时，将"滴管工具"的光标先移动到需要采集色彩特征的区域上，然后在需要的某种色彩区域上单击鼠标左键，即可将光标所在那一点具有的颜色采集出来。接着移动到目标对象上，再单击左键，这样刚才所采集的颜色就被填充到目标区域了。

4. 任意变形工具

"任意变形工具"和"渐变变形工具"叠加放置，如图2-2-27所示。"任意变形工具"主要用于对各种对象进行缩放、旋转、倾斜扭曲和封套等操作。使用"任意变形工具"可以将对象变形为自己需要的各种样式。

选择"任意变形工具"，在工作区中单击将要进行变形处理的对象，对象四周将出现如图2-2-28所示的调整手柄。或者先用"选择工具"将对象选中，然后选择"任意变形工具"，也会出现调整手柄。通过调整手柄可以对选择的对象进行各种变形处理。

图2-2-27 "任意变形工具"与
"渐变变形工具"位置

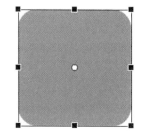

图2-2-28 "任意变形工具"
的调整手柄

将光标移动到所选图形边角的黑色小方块上，在光标变成旋转形状后按住鼠标左键并拖动，即可对选取的图形进行旋转处理，如图2-2-29所示。移动光标到所选图形的中心，可以改变图形在旋转时的轴心位置。

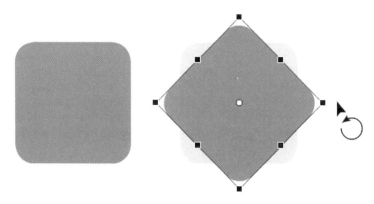

图2-2-29 旋转图形

移动光标到所选图形边角的黑色小方块上，按Ctrl键，在光标改变为白底黑边时，按住鼠标左键并拖动，可以对选取的图形进行局部变形，如图2-2-30所示。

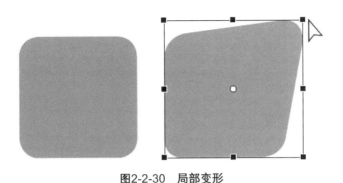

图2-2-30　局部变形

二、矢量图标配色技巧

配色是设计矢量图标时非常重要的一环，它可以影响图标的视觉效果和表达力。在进行矢量图标配色的过程中，需要注意设计主题对色彩的影响，选择色彩时，还要考虑色彩对比效果和色彩的情感属性。优秀的矢量图标配色方案并不需要选择过多的色彩，因为色彩过多容易让作品看起来杂乱无章，难以控制。在完成初稿后，应反复对比配色效果。建议制作多个配色方案进行比较，直至找到最佳的配色效果再定稿。本知识点具体内容详见二维码资源。

矢量图标
配色技巧

任务实施

微课

步骤一 素材收集与构思。根据任务要求收集相关美术素材，根据素材构思画面。

步骤二 创建文件。创建一个500像素×500像素的Animate文件，因不做动画和脚本，"帧速率"与"平台类型"可以保持默认设置，如图2-2-31所示。保存文件在一个固定路径。

图2-2-31　创建文件参数

步骤三　制作线条。根据素材绘制熊猫线条。利用"椭圆工具"绘制熊猫的脸部，选择一个圆形形状并绘制一个稍微扁平的椭圆。熊猫的耳朵是半圆形的，可以利用"椭圆工具"直接绘制一个正圆后复制摆放，如图2-2-32所示。删除多余的线条。

绘制熊猫的眼圈时，先使用"线条工具"或"钢笔工具"绘制眼圈的基本轮廓。再利用贝塞尔曲线调节眼圈的具体形状，如图2-2-33所示。复制眼圈线条，并粘贴。利用"水平变形"制作出对称眼圈，如图2-2-34所示。因为熊猫的五官和身体是对称的，所以可以同理制作熊猫的鼻子和身体。为熊猫添加眼球后，线条绘制工作就完成了，如图2-2-35所示。

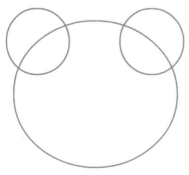

图2-2-32　利用"椭圆工具"
绘制熊猫耳朵

图2-2-33　利用贝塞尔曲线
调节眼圈的具体形状

图2-2-34　利用"水平变形"制作出对称眼圈

图2-2-35　绘制熊猫线条

步骤四　填充颜色。使用"填充工具"为熊猫的身体、眼睛、鼻子和耳朵填充黑色，为熊猫的面部填充白色，删除熊猫身上的线条，如图2-2-36所示。

步骤五　添加背景。使用"基本矩形工具"绘制圆角矩形，并填充底色，完成图标绘制，如图2-2-37所示。

步骤六　完成制作。进行色彩测试，保存文件，导出图标。

图2-2-36　为熊猫填充颜色　　　图2-2-37　完成图标绘制

注意事项：① 绘制Animate图形时，建议使用醒目、统一的线条配色，如红色、绿色等，方便线条的选择和调整。② 绘制复杂图标时，将"图层"和"元件"配合使用能提高工作效率。这两个知识点会在后续任务中详细介绍。③ Adobe Animate 2023可以使用AI格式素材，但不支持AI格式输出。

评价与反思

任务评价						
序号	评价内容	评价标准	配分	评分记录		
				学生互评	组间互评	教师评价
1	操作过程	能够准确、熟练地完成操作步骤	30			
2	制作效果	能够具有创新性地完成任务，作品美观、完整	30			
3	学习笔记质量	学习笔记记录工整、严谨	20			
4	沟通交流	能够积极、有效地与教师、小组成员沟通交流	20			
总分			100			
任务反思						

任务三 "中国梦"文字标题设计
——文本工具应用

任务描述

利用Animate软件设计"中国梦"文字标题。

任务要求：①使用公用字体；②文字排版合理，效果鲜明、美观。

任务分析

中国梦是国家情怀、民族情怀、人民情怀相统一的梦，其本质是国家富强、民族振兴、人民幸福。每个中国人都是中国梦的参与者、创造者。

利用Animate软件把"中国梦"文字设计制作为矢量标题，使其应用场景变得更加广泛。矢量文字标题相较于传统位图软件设计的文字标题具有清晰度高、可以无限缩放、文件体积小等特点。使用Animate软件的图形和文字相关工具可以基本完成任务制作，利用Animate软件的图层功能，可以使设计活动更加高效。

任务相关知识

一、工具、功能介绍

（一）文本工具

Animate软件的"文本工具"可以添加和编辑文本。创建文本时，在工具栏单击T字形图标，然后在舞台区域上单击并拖动鼠标创建一个文本框。在文本框中输入想要显示的文本。在文本框中可以编辑文本的字

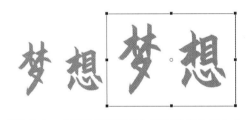

图2-3-1 "任意变形工具"可以改变文字大小

体、大小、颜色等参数。如果需要调整文本框的大小，可以使用"任意变形工具"拖动文本框边缘或角落的控制点，如图2-3-1所示。

1. 文本属性

如果需要对文本进行进一步的编辑，可以选择文本框并在属性面板中进行调整。"文本工具"属性面板包括：文本模式选择、位置和大小、字符、段落、选项、滤镜等调整栏目，如图2-3-2所示。Animate软件中有三种文本模式：静态文本、动态文本、输入文本，如图2-3-3所示。静态文本主

要应用于静态美术作品和普通动画。动态文本和输入文本要配合脚本使用。动态文本可以显示动态更新文本。用户可以使用输入文本将文字输入表单中。

大部分调整栏目简单直观，与其他设计软件和文字软件中的使用方法相似。通过"位置和大小""字符""段落"可以调整文字位置、大小、排版结构。通过"选项"可以为动画添加外部链接，添加后文字出现下划线，如图2-3-4所示。通过"滤镜"的"＋"按钮可以为选定文字添加不同的美术效果，如图2-3-5、图2-3-6所示。

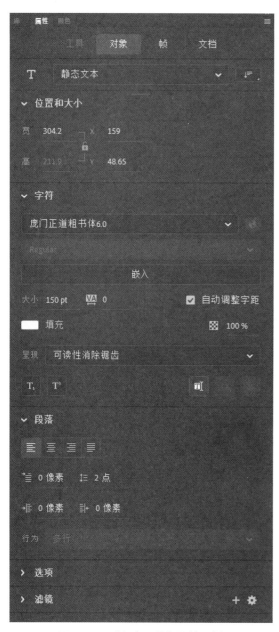

图2-3-2　"文本工具"属性面板

图2-3-3　三种文本模式

图2-3-4　添加链接后的文字效果

图2-3-5　通过"滤镜"的"＋"按钮添加滤镜效果

图2-3-6　不同的文字滤镜效果

2. 文本分离

为文字段落选择静态文本，然后按Ctrl＋B键或选择"修改"＞"分离"可以把文本打散，此时每个字符会被单独放置在一个文本框中，如图2-3-7所示。如果继续按Ctrl＋B键或选择"修改"＞"分离"，会将文字转换为形状。此时可对文本进行图形编辑，如图2-3-8所示。

图2-3-7　将文字段落打散　　　图2-3-8　将文字转化为图形

（二）图层功能

Animate软件中的图层和Photoshop的图层有共同的作用：方便对象的编辑。在Animate软件中，可以将图层看作是叠加在一起的许多透明的胶片，当图层上没有任何对象的时候，可以透过上边的图层看下边图层上的内容，在不同的图层上可以编辑不同的元素，如图2-3-9所示。

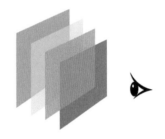

图2-3-9　图层原理

系统默认的图层即是普通层，新建Animate文档后，默认一个名为"图层_1"的图层存在。该图层中自带一个空白关键帧位于"图层1"的第一帧，并且该图层初始为激活状态，如图2-3-10所示。

图2-3-10　图层初始状态

1. 创建图层

单击时间轴面板左上角的"＋"按钮，能够在当前图层上方创建一个新的图层。用户可以在新图层上双击名称来修改图层的名称，以便更好地组织和管理动画

图2-3-11　更改图层名称

元素，如图2-3-11所示。如果想调整图层的顺序，可以在时间轴面板中拖动图层的位置，如图2-3-12所示。右键单击图层名称，可以删除图层。

①   ②

图2-3-12　调整图层顺序

2. 隐藏、锁定图层

可以使用时间轴面板上的"眼睛"按钮来隐藏或显示图层，以便在编辑过程中更好地查看和管理动画元素。时间轴面板上的"锁"按钮可以锁定或解锁图层。一般情况

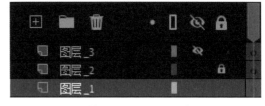

图2-3-13　隐藏"图层_3"，锁定"图层_2"

下，直接单击"眼睛"按钮和"锁"按钮会隐藏、锁定所有图层。如想精确隐藏、锁定某一图层，可以单击被编辑图层上与"眼睛""锁"按钮对应的区域，如图2-3-13所示。

3. 图层轮廓

由于图层采用叠加模式，上层元素会遮住下层元素。有时为了观察和对齐不同图层中的元素，可以使用"轮廓"按钮。单击后该图层只显示图层内元素的轮廓，这样该图层就变为透明层，如图2-3-14所示。

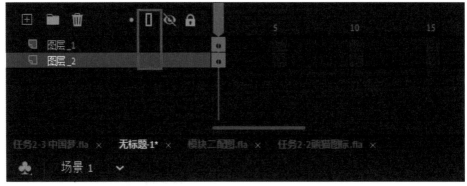

使用轮廓功能的图层　　　未使用轮廓功能的图层

图2-3-14　显示图层轮廓

对图层的操作是在层控制区中进行的。层控制区位于时间轴左边的部分，如图2-3-15所示。在层控制区中，单击右键弹出编辑图层菜单，可以实现插入图层、删除图层、剪切图层、拷贝图层等操作，如图2-3-16所示。

图2-3-15　层控制区

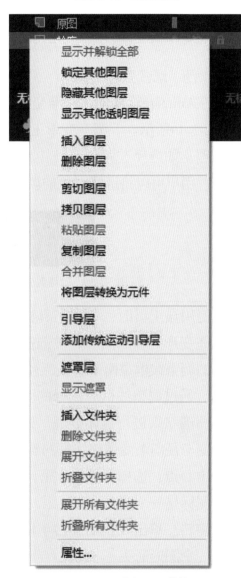

（三）渐变绘制功能

Animate软件中的渐变可以通过"颜料桶工具"和"墨水瓶工具"作用在图形和线段上，但它们并不是渐变绘制功能的主体。承担渐变绘制功能的主要工具是颜色面板，如图2-3-17所示。Animate软件中常用的渐变包括线性渐变与径向渐变两种，线性渐变的渐变方向是线性的，径向渐变的渐变方向是发散的，如图2-3-18所示。

图2-3-17　颜色面板

图2-3-16　编辑图层菜单

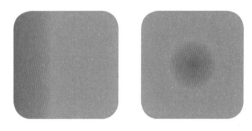

图2-3-18　线性渐变（左图）与径向渐变（右图）

在颜色面板中，底部渐变色带是设置渐变效果的核心。可以选择一个基础颜色，这将是渐变的起始颜色。鼠标放在色带上会出现"＋"按钮，单击后可以设置一个新的颜色节点。删除颜色节点的方法很简单，只需要使用鼠标左键沿纵向将颜色节点向外拖动即可。用户可以通过调整渐变颜色之间的位置，来改变渐变的过渡效果。如果想要添加更多的渐变颜色，可以重复添加设置颜色。

（四）渐变变形工具

在Animate软件中，"渐变变形工具"与"任意变形工具"叠加放置，如图2-3-19所示。"渐变变形工具"主要用于对填充颜色进行各种方式的变形处理，如选择过渡色、旋转颜色和拉伸颜色等。通过使用"渐变变形工具"，用户可以将选择对象的填充颜色处理为需要的各种色彩。

图2-3-19 "渐变变形工具"与"任意变形工具"位置

使用该工具时，单击工具栏中的"渐变变形工具"，然后选择需要进行填充变形处理的图形，被选择图形四周将出现填充变形调整线框，线性渐变的调整线框是两条直线，径向渐变的调整线框是圆形线框，如图2-3-20所示。通过调整线框对选择的图形进行填充颜色的变形处理，可由鼠标显示不同形状来进行具体处理。处理后，即可看到填充颜色的变化效果。线性渐变与径向渐变调整线框的参数如下。

中心点：选择和移动中心点手柄可以更改渐变的位置。中心点手柄的变换图标是一个四向箭头。

旋转：单击并移动旋转手柄可以调整渐变的方向。旋转手柄的变换图标是一个圆形箭头。

宽度：单击并移动宽度手柄可以调整渐变的宽度。宽度手柄的变换图标是一个双向箭头。

焦点：只有选择径向渐变时才显示焦点手柄。选择焦点手柄可以改变径向渐变的焦点。焦点手柄的变换图标是一个倒三角形。

大小：只有选择径向渐变时才显示大小手柄。单击并移动大小手柄可以调整渐变的大小。大小手柄的变换图标是内部有一个箭头的圆。

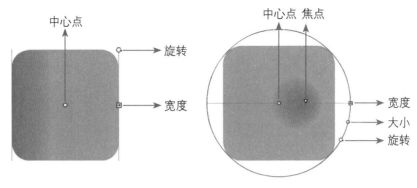

图2-3-20　线性渐变（左图）与径向渐变（右图）的调整线框

二、文字标题设计技巧

设计合适的文字标题对于设计作品的视觉效果非常重要。以下是一些文字标题的设计技巧。

目标和风格要统一：设计文字标题前，首先要考虑设计作品的目标和风格。不同的字体可以传达不同的情感和氛围。例如，黑体类字体横平竖直，通常给人一种现代和简洁的感觉，而书法字体则更加传统，如图2-3-21所示。手写字体和卡通字体有趣和可爱，适合表现卡通主题。艺术字体和定制字体具有独特个性，在广告和标志设计中容易脱颖而出。

梦想　梦想

图2-3-21　不同字体的风格样式

保持可读性：无论选择何种字体，都要确保其具有良好的可读性。字体应该清晰，易于辨认，并且在不同尺寸和背景下都能保持清晰。避免使用过度装饰或阅读艰难的字体，以确保信息能够被清晰传达。

形成色彩对比：字体和背景之间的颜色对比也是需要考虑的因素。要确保字体颜色与背景颜色形成足够的对比，以保证文字清晰可见，如图2-3-22所示。如果背景颜色较为复杂或图案化，可以选择相对简单的字体以增加对比度。

图2-3-22　不同色彩对比情况下的文字效果

　　保持一致性：在一个设计项目中，保持字体的一致性也非常重要。选择1~2种字体作为主要字体，并在整个设计使用中保持一致，以确保整体风格的统一性和专业性。

　　尝试组合：有时候将不同的字体组合在一起可以创造出更有趣和独特的效果。尝试在标题和正文字体之间创建对比，但要确保它们之间的配合和平衡。

　　注意版权：字体本身是受到版权保护的，因为字体设计师对其进行了创作和设计。市面上的字体包括开源字体和付费字体两大类。有些字体可以免费使用，但若把设计作品投放在公共平台上也存在版权隐患，如黑体、仿宋、微软雅黑等。保持严谨的工作态度，设计人员在使用字体前可以查询一下字体的授权情况，如图2-3-23所示。

查 询 字 体 版 权 · 避 免 侵 权 纠 纷

你已安装　　　搜索字体

Times New Roman	免费可商用
隶书	免费可商用
庞门正道标题体	免费可商用
锐字真言体	免费可商用
Arial Unicode MS	商用需授权
仿宋	商用需授权
黑体	商用需授权

图2-3-23　字体授权查询网站截图

　　文字标题设计是一个创造性的过程，需要根据具体的设计需求和个人审美偏好进行选择。要不断尝试和调整，直到找到最适合设计作品的字体组合。

任务实施

步骤一　素材收集与构思。根据任务要求收集相关美术素材，根据素材构思画面。

步骤二　创建文件。创建一个600像素×300像素的Animate文件，"帧速率"与"平台类型"可以保持默认设置。保存文件在一个固定路径。

▶ 微课 ◀

步骤三　制作文字。选择"文本工具"，使用"庞门正道粗书体"写出"中国梦"文本。可以直接输入数字在属性面板的"大小"参数栏里，如图2-3-24所示。

步骤四　文字转图片。按两次Ctrl＋B键打散"中国梦"文本，将文字转化为图片。调整图片的摆放形式和局部尺寸，如图2-3-25所示。

图2-3-24　"中国梦"文本

图2-3-25　打散文本并调整摆放形式和尺寸

步骤五　设置图层。复制两个图层，并将三个图层分别命名（这里分别命名为"顶层""中层""底层"），如图2-3-26所示。目前，三个图层中的美术内容和位置是一样的。

步骤六　调整渐变。利用颜色面板为"顶层"图层中"中国梦"图形添加渐变，添加后可以使用"渐变变形工具"调整渐变方向。效果如图2-3-27所示。

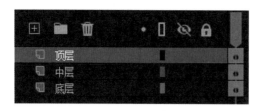

图2-3-26　复制图层　　　　　　　图2-3-27　为图形添加渐变

步骤七　　加白边。利用"墨水瓶工具"为"中层"图层图形描边，线条宽度可以在属性面板中调节，如图2-3-28所示。与"顶层"图层叠加后，效果如图2-3-29所示。

图2-3-28　为图形描边　　　　　　图2-3-29　描边后叠加效果

步骤八　　做阴影。为"底层"图层图形描边，线条宽度要大于"中层"图层描边，颜色用深色。适当调整"底层"图层图形位置，"中国梦"文字标题就完成了，如图2-3-30所示。

图2-3-30　完成效果

步骤九　　进行色彩测试，保存文件，导出图片。

注意事项：① 制作文字标题时要检查该字体的授权信息。② 文字打散前，可以将几种中意字体并列摆放，方便比较。③ 描边加粗是内外双向的。如果线条过粗，会影响文字观感，不建议单层文字描边。本任务实施过程的处理方式在业内比较普遍。④ 制作复杂文字标题时，需要"影片剪辑"配合。"影片剪辑"能够提高制作复杂文字标题的工作效率和质量。该知识点会在后续任务中作详细介绍。

评价与反思

任务评价							
序号	评价内容	评价标准	配分	评分记录			
				学生互评	组间互评	教师评价	
1	操作过程	能够准确、熟练地完成操作步骤	30				
2	制作效果	能够具有创新性地完成任务，作品美观、完整	30				
3	学习笔记质量	学习笔记记录工整、严谨	20				
4	沟通交流	能够积极、有效地与教师、小组成员沟通交流	20				
总分			100				
任务反思							

知识巩固

一、选择题（包含单选题与多选题）

1. 在使用Animate软件过程中，创建文件后及时保存是个好习惯，可以解决（　　）问题。

   A. 防止电脑死机带来的不可控的损失

   B. 显著提高动画预览流畅度

   C. 预览动画时，可及时存储导出文件

   D. 显著提高计算机运行速度

2. Animate默认的输出格式是（　　）。

   A. ai　　　　　　　B. fla　　　　　　　C. swf　　　　　　　D. an

3. Animate可以为对象提供的色彩填充方式包括（　　）。

   A. 纯色填充　　　B. 线性渐变填充　　C. 径向渐变填充　　D. 位图填充

4. 利用"选择工具"移动图形线条时，按住Shift键拖动，可以将被移动对象以（　　）角度的倍数方向进行移动。

   A. 45°　　　　　　B. 90°　　　　　　　C. 15°　　　　　　　D. 180°

5. 矢量图标配色技巧不包括（　　）。

   A. 避免使用太多颜色

   B. 要考虑色彩的情感效果

   C. 进行色彩测试，确保图标在各种情况下都能清晰可辨

   D. 色彩对比不能鲜明

6. （　　）具有贝塞尔曲线属性。

   A. 选择工具　　　B. 线条工具　　　C. 部分选取工具　　D. 钢笔工具

7. 打散文本的方法有（　　）。

   A. 选择文本使用快捷键Ctrl＋B　　　　　B. 选择文本使用快捷键Ctrl＋E

   C. 选择文本单击"修改"＞"分离"　　　　D. 选择文本单击"修改"＞"变形"

8. 在层控制区中，单击鼠标右键弹出编辑图层菜单，可以实现的图层操作包括（　　）。

    A. 插入图层   B. 删除图层   C. 剪切图层   D. 拷贝图层

9. Animate的颜色渐变包括（　　）。

    A. 线性渐变   B. 角度渐变   C. 径向渐变   D. 菱形渐变

10. 文字标题的设计注意事项不包括（　　）。

    A. 目标和风格要统一

    B. 要保持可读性

    C. 只需考虑文字美感而不需注意文字版权

    D. 要保持字体的一致性

二、判断题

1. Animate工具栏的部分工具是叠加摆放的，需要单击鼠标左键查找。（　　）

2. Adobe Animate 2023可以使用AI格式素材，支持AI格式输出。（　　）

3. "颜料桶工具"只能对完全封闭的区域填充，有任何细小空隙的区域"颜料桶工具"填充都不起作用。（　　）

4. 不同的颜色会引发不同的情感和联想，如红色代表激情和力量，蓝色代表冷静和可靠。（　　）

5. 平时制作文字标题时，要检查字体的授权信息。（　　）

▶ 模 块 二 ◀
知识巩固答案

模块三

Animate动画的基本类型

Animate软件拥有丰富的二维动画制作功能，从动画制作流程和制作结果看，Animate软件拥有逐帧动画、形状补间动画、传统补间（动作补间）动画、骨骼动画、遮罩动画、引导动画等多种动画制作形式。本模块将介绍不同动画类型的制作过程，同时，重点讲解相关软件功能的使用方法。

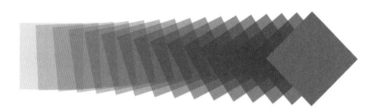

学习目标

[加粗部分对应1＋X动画制作职业技能等级要求（初级）]

素养目标

① 能够运用健康向上的审美进行构图；② 保持勤于练习、乐于思考的学习习惯；③ 具备良好的工作态度、创新意识、精益求精的工匠精神。

知识目标

① 掌握时间轴、帧速率、关键帧等动画基本要素的概念；② 掌握形状补间、传统补间（动作补间）、元件、遮罩、引导、父子集关系、骨骼等Animate软件功能的使用方法。

能力目标

① 能够制作小型或局部二维场景；② 能够制作简单的角色动作；③ 能够使用Animate软件完成基本类型动画的制作。

任务一 制作汉字书写效果
——图形逐帧动画应用

任务描述

利用Animate软件设计制作"粮食安全"汉字书写效果逐帧动画。

任务要求：① 美术元素简洁、美观，画面风格统一；② 动画结构完整，节奏合理。

任务分析

正所谓"民以食为天"，粮食既是关系国计民生和国家经济安全的重要战略物资，也是人民群众最基本的生活物资。我国是有着14亿人口的大国，解决好吃饭问题，始终是国家的头等大事。对于每一位国人来说，节约粮食，是对粮食安全最简单的负责方式。

写字效果表现离不开三个元素：纸、笔和文字。其中文字和笔都是运动物体，纸张是相对静止物体，它们应摆放在不同图层。笔的运动应当与文字的逐帧表现同步。写字过程是文字笔画逐步积累的过程，动画中文字的每一帧都处于不断积累变化的状态。但按照文字笔画积累思路制作动画，步骤烦琐，而制作笔画删减的动画则相对比较容易。写字过程可以看作笔画删减步骤的翻转。

任务相关知识

帧是影视动画时间轴的最小单位，是制作逐帧动画的功能核心。Animate逐帧动画是通过对帧进行编辑从而完成制作的。

一、帧的类型

Animate软件的帧种类多样，分别对应不同的动画需求。在时间轴上设置不同的帧，会以不同的图标来显示。

常见的帧的类型包括空白帧、关键帧、动作渐变帧、形状渐变帧、动作帧、标签帧等，如图3-1-1所示。

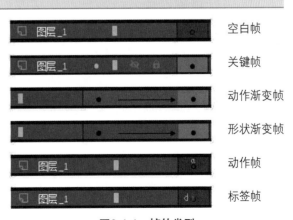

空白帧
关键帧
动作渐变帧
形状渐变帧
动作帧
标签帧

图3-1-1 帧的类型

空白帧：帧中不包含任何对象（如图形、声音和影片剪辑等），相当于一张空白的影片，什么内容都没有。

关键帧：关键帧中的内容是可编辑的，黑色实心圆点表示关键帧。

动作渐变帧：在两个关键帧之间创建动作渐变后，中间的过渡帧称为动作渐变帧，用蓝色填充并用箭头连接，表示物体动作渐变的动画。

形状渐变帧：在两个关键帧之间创建形状渐变后，中间的过渡帧称为形状渐变帧，用橙色填充并用箭头连接，表示物体形状渐变的动画。

动作帧：为关键帧或空白关键帧添加脚本后，帧上出现字母"α"，表示该帧为动作帧。

标签帧：以一面小红旗开头，后面标有文字的帧，表示帧的标签，也可以将其理解为帧的名字。

二、编辑帧

Animate软件常用的编辑方式包括插入帧、插入关键帧、插入空白关键帧、删除帧、剪切帧、复制帧、粘贴帧、翻转帧等。在待编辑帧单击鼠标右键，会弹出编辑帧菜单，如图3-1-2所示。该菜单可以满足大部分编辑帧的需求。为了提升工作效率，软件高手一般使用快捷键完成操作。

插入帧：在时间轴上需要插入帧的位置单击鼠标右键，在弹出的快捷菜单中选择"插入帧"命令，或在选择该帧后按下F5键，即可在该帧处插入过渡帧。其功能是延长关键帧的作用和时间。

插入关键帧：在时间轴上需要插入关键帧的位置单击鼠标右键，在弹出的快捷菜单中选择"插入关键帧"命令，或选择该帧后按下F6键。

插入空白关键帧：在时间轴上需要插入空白关键帧的位置单击鼠标右键，在弹出的快捷菜单中选择"插入空白关键帧"命令，

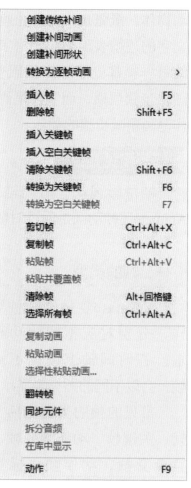

图3-1-2　编辑帧菜单

或按下F7键，即可在指定位置创建空白关键帧。其作用是将关键帧的作用时间延长至指定位置。

删除帧：在时间轴上选择需要删除的一个或多个帧，然后单击鼠标右键，在弹出的快捷菜单中选择"删除帧"命令，即可删除被选择的帧。若删除的是连续帧中间的某一个或几个帧，后面的帧会自动提前填补空位。Animate软件的时间轴上，两个帧之间不能有空缺。如果要使两帧间不出现任何内容，可以使用空白关键帧。

剪切帧：在时间轴上选择需要剪切的一个或多个帧，然后单击鼠标右键，在弹出的快捷菜单中选择"剪切帧"命令，即可剪切掉所选择的帧。被剪切后的帧保存在剪切板中，可以在需要时将其重新使用。

复制帧：用鼠标选择需要复制的一个或多个帧，然后单击鼠标右键，在弹出的快捷菜单中选择"复制帧"命令，即可复制所选择的帧。

粘贴帧：在时间轴上选择需要粘贴帧的位置，单击鼠标右键，在弹出的快捷菜单中选择"粘贴帧"命令，即可将复制或者被剪切的帧粘贴到当前位置。用鼠标选择一个或者多个帧后，按住Alt键不放，拖动选择的帧到指定的位置，这种方法也可以把所选择的帧复制粘贴到指定位置。

翻转帧：翻转帧的功能可以使所选定的一组帧按照顺序翻转过来，使最后一帧变为第一帧，第一帧变为最后一帧，反向播放动画。其方法是在时间轴上选择需要翻转的一段帧，然后单击鼠标右键，在弹出的快捷菜单中选择"翻转帧"命令，即可完成翻转帧的操作。

任务实施

步骤一 素材收集与构思。根据任务要求收集相关美术素材，根据素材构思画面。

步骤二 创建文件。创建一个1280像素×600像素、12帧速率的Animate文件，"平台类型"可以保持默认设置。保存文件在一个固定路径。

微课

步骤三 制作形状元素。根据素材与画面构思分别绘制纸、铅笔、文字、背景装饰元素，如图3-1-3、图3-1-4所示。分别将它们摆放在不同图层，笔在上，纸在下。

铅笔作为动画主体，配色尽量与环境色呈现对比关系。铅笔形状应当呈现一定的透视关系。文字需要打散，转化为图形。结合背景装饰图形摆放位置，纸和文字图形可以呈现一定的透视关系。

图3-1-3　绘制纸、铅笔、文字图形　　　　　图3-1-4　绘制背景装饰图形

步骤四　调整形状元素位置。摆放形状元素，使画面合理，保证运动元素在独立图层，如图3-1-5、图3-1-6所示。

图3-1-6　运动元素放置在独立图层

图3-1-5　摆放形状元素

步骤五　逐帧删减笔画。为"文字"层创建一个关键帧，选择"橡皮擦工具"从"粮食安全"文本的最后一画开始涂抹，如图3-1-7所示。也可以利用线条和"选择工具"删除局部笔画，如图3-1-8所示。一般笔画可以创建2~3帧，复杂笔画可以增加。点、提笔画仅需要1帧。以此类推，创建逐帧删减笔画的效果。

图3-1-7　使用"橡皮擦工具"

步骤六　观察运动画面。删减完成后，按Enter键播放时间轴，可以看到"粮食安全"文本的笔画是递减的，如图3-1-9所示。

图3-1-8　利用线条和"选择工具"
删除局部笔画

图3-1-9　删减完成效果

步骤七　翻转帧。选择所有"文字"层帧，右键翻转帧。这样文字笔画逐步增加的动画就制作出来了。如果觉得动画效果过快，此时可以通过调整属性面板帧速率改变动画节奏。

步骤八　调整铅笔位置。在"笔"层建立同"文字"层数量一致的关键帧，每一帧都将铅笔摆放在文字增长点上，如图3-1-10所示。

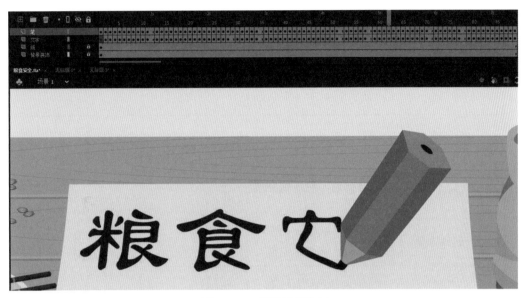

图3-1-10　调整铅笔位置

步骤九　完成制作。优化动画节奏和画面美术效果。保存文件，汉字书写效果动画就完成了，如图3-1-11所示。

图3-1-11　制作完成效果

注意事项：① 本任务动画单一，制作过程中可以通过调整帧速率调整动作节奏。但对于一般完整的商业动画，特别是卡通动画，这种调整方式不可取。因为运动元素多、场景复杂，调整帧速率很难达到目的。② 将背景装饰和铅笔转化为"影片剪辑"能够提高制作汉字书写效果动画的效率和质量。"影片剪辑"的使用方法会在后续任务中作详细介绍。

评价与反思

任务评价						
序号	评价内容	评价标准	配分	评分记录		
				学生互评	组间互评	教师评价
1	操作过程	能够准确、熟练地完成操作步骤	30			
2	制作效果	能够具有创新性地完成任务，作品美观、完整	30			
3	学习笔记质量	学习笔记记录工整、严谨	20			
4	沟通交流	能够积极、有效地与教师、小组成员沟通交流	20			
总分			100			
任务反思						

任务二　制作熊猫表情包
——卡通逐帧动画应用

任务描述

利用Animate软件设计制作供聊天平台使用的熊猫开心、愤怒、哭泣的表情包。

任务要求：① 美术元素简洁、美观；② 动画结构完整，节奏合理。

任务分析

表情包在社交媒体和互联网文化中广泛流行，成为一种社交互动和身份认同的符号，是聊天平台中常用的聊天工具之一。表情包以图像和动画形式为主要载体，能够在文字无法完全表达情感的情况下，提供一种更直观、生动的方式来分享和传达信息，为信息交流过程创造轻松、愉快的氛围，为人们带来笑声和乐趣。

QQ的"经典表情"是目前市面上比较成熟的表情包，具有体积小、主题鲜明、美观简洁等特点。12帧速率逐帧动画是QQ"经典表情"的主要加工方式。在本任务的制作过程中，可以参考其动作节奏和画面表现方式。Animate软件的"绘图纸外观""编辑多个帧"功能，为卡通动画调节和动作检测提供了便利条件，可以提升卡通逐帧动画的制作效率。另外，在绘制熊猫表情时，可以考虑图形元素对用户心理的影响。例如，圆形通常具有可爱的特征，而尖锐的三角形则常体现出冷峻的特征。

任务相关知识

一、表情动画的发展

在互联网发展的早期，由于带宽和技术限制，表情通常是静态的，以简单的图标或表情符号的形式出现。这些表情通常用于表示基本情感，如笑脸、哭泣等。随着技术的进步，GIF动画成为表情动画的主要形式。GIF动画是一种基于图像序列的动画格式，它通过多个连续的图像帧来展示动作或表情的变化。GIF动画在互联网上广泛使用，成为表情动画的主要载体。早期GIF格式只支持低帧频动画（12帧速率），随着GIF格式的升级，逐渐支持高帧频表现。目前，不同聊天平台对于GIF格式动画的帧频支持度不一。

随着移动应用的兴起，表情动画得到了更广泛的应用和传播。如微信、抖音、淘宝等手机应用程序支持表情动画的发送和显示，用户可以通过表情动画来丰富聊天内容和社交互动。

二、绘图纸外观

Animate软件的"绘图纸外观"功能由Flash的"洋葱皮工具"发展而来。一般情况下，在某个时间点舞台区域仅显示动画序列的一个帧。为了辅助绘制、定位和编辑逐帧动画，"绘图纸外观"功能可以通过在舞台区域显示前一帧和后一帧的内容来提供参考。舞台区域采用不同的颜色和Alpha（透明度）来区分过去和未来的帧，如图3-2-1所示。单击"绘图纸外观"按钮，可启用和禁用"绘图纸外观"。

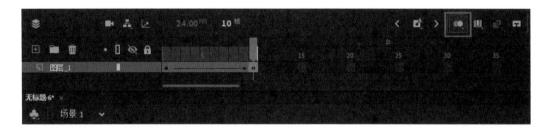

图3-2-1　"绘图纸外观"功能

要排除或纳入帧，可在时间轴上调整"绘图纸外观"的边界，如图3-2-2所示。

"绘图纸外观"的左右边界采用默认的色调（左为蓝色、右为绿色）。自定义这些颜色，要使用"高级设置"选项。单击"绘图纸外观"按钮，并按住鼠标不放，然后选择"高级设置"，如图3-2-3所示。在

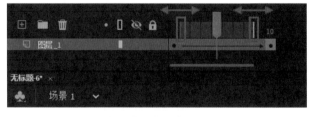

图3-2-2　调整"绘图纸外观"的边界

"高级设置"中可以调节边界颜色、帧显示方式、前后帧透明度等参数，如图3-2-4所示。

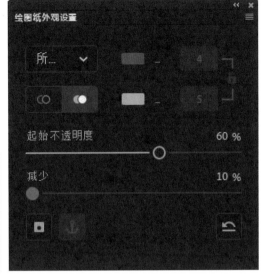

图3-2-3　"高级设置"的位置　　　　**图3-2-4　绘图纸外观设置**

三、编辑多个帧

Animate软件的"编辑多个帧"功能可以实现同时编辑多个关键帧的位置、颜色和透明度。这一功能在调节多关键帧动画时比较常用。"编辑多个帧"功能按钮在"绘图纸外观"旁边，如图3-2-5所示，使用方法类似。单击"编辑多个帧"按钮，可启用和禁用"编辑多个帧"。

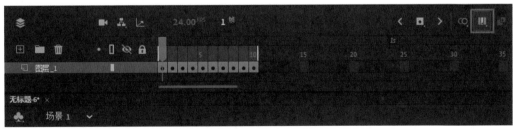

图3-2-5　"编辑多个帧"功能

要排除或纳入帧，可在时间轴上调整"编辑多个帧"的边界，如图3-2-6所示。

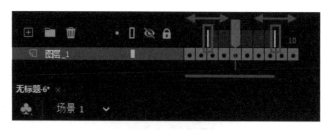

图3-2-6 调整"编辑多个帧"的边界

任务实施

实例一 制作熊猫"开心"表情

步骤一 素材收集与构思。根据任务要求收集相关美术素材，根据素材构思画面。

步骤二 创建文件。创建一个300像素×300像素、12帧速率的Animate文件，"平台类型"可以保持默认设置。保存文件在一个固定路径。

步骤三 制作形状元素。绘制熊猫"开心"的表情。为了方便后续三个表情动画的制作，分别将熊猫的脸部、五官、耳朵摆放在不同图层，如图3-2-7所示。

步骤四 制作逐帧动画。复制关键帧，将第二帧所有图形向下错位，如图3-2-8所示。可以打开"绘图纸外观"方便观察调节，如果觉得运动过快可以增加帧数。

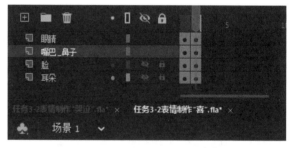

图3-2-7 熊猫"开心"的表情

图3-2-8 制作逐帧动画

步骤五 导出文件。保存文件，单击"文件">"导出">"导出动画GIF"，如图3-2-9所示。在"导出图像"面板勾选"透明度"，单击"保存"，GIF文件就储存完成了，如图3-2-10所示。

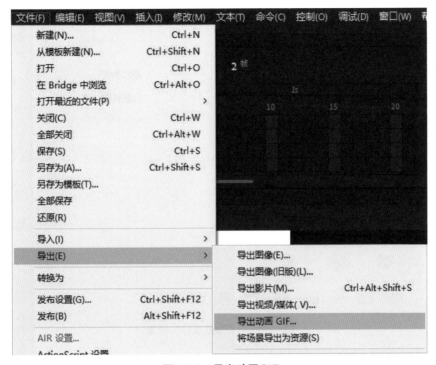

图3-2-9　导出动画GIF

图3-2-10　"导出图像"面板

步骤六 添加为表情。在QQ聊天界面单击"选择表情">"表情设置">"添加表情",如图3-2-11所示。选择GIF文件,添加成功后,熊猫"开心"的表情会出现在QQ"收藏表情"栏目里,如图3-2-12所示。熊猫"开心"表情就可以应用了。

图3-2-11 "添加表情"位置

图3-2-12 成功添加表情

实例二 制作熊猫"愤怒"表情

步骤一 素材收集与构思。根据任务要求收集相关美术素材,根据素材构思画面。

步骤二 创建文件。创建一个300像素×300像素、12帧速率的Animate文件,"平台类型"可以保持默认设

▶ 微课 ◀

置。保存文件在一个固定路径。

步骤三　制作形状元素。绘制熊猫"愤怒"的表情，如图3-2-13所示。分别将熊猫的脸部、眼睛、嘴巴、耳朵、阴影、愤怒符号摆放在不同图层。

步骤四　制作逐帧动画。复制关键帧，将第二帧的愤怒符号和白色眼睛放大，左移耳朵、脸部和嘴巴的位置，如图3-2-14所示。可以打开"绘图纸外观"方便观察调节。

图3-2-13　熊猫"愤怒"的表情　　　　图3-2-14　制作逐帧动画

步骤五　导出文件并添加表情。与熊猫"开心"表情的工作方式同理，完成熊猫"愤怒"表情的输出制作。

实例三　制作熊猫"哭泣"表情

步骤一　素材收集与构思。根据任务要求收集相关美术素材，根据素材构思画面。

步骤二　创建文件。创建一个300像素×300像素、12帧速率的Animate文件，"平台类型"可以保持默认设置。保存文件在一个固定路径。

▶ 微课 ◀

步骤三　制作形状元素。绘制熊猫"哭泣"的表情，如图3-2-15所示。分别将熊猫的脸部、眼线、泪水、眼圈、鼻子、嘴巴、耳朵摆放在不同图层。

图3-2-15　熊猫"哭泣"的表情　　　　图3-2-16　调节运动思路

步骤四　制作逐帧动画。如图3-2-16所示，制作熊猫头部后仰效果，基本思路是耳朵向下运动，面部向上运动，泪水跟随眼线运动。可以打开"绘图纸外观"方便观察调节。为了使动画流畅，仰头过程使用4帧表现，如图3-2-17所示。预览动画，此时会发现仰头过程完整，但播放时最后一帧与第一帧衔接生硬。补充关键帧，为当前最后一帧与第一帧做过渡，制作循环动画效果，此时第一帧与最后一帧的画面是一样的，如图3-2-18、图3-2-19所示。

图3-2-17 仰头过程关键帧设置

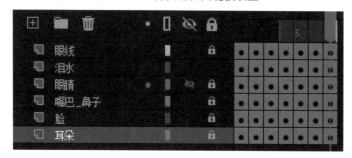

图3-2-18 制作循环动画

第一帧   中间帧   末尾帧

图3-2-19 关键画面状态

步骤五 导出文件并添加表情。与熊猫"开心"表情的工作方式同理，完成熊猫"哭泣"表情的输出制作。

注意事项：① 目前聊天平台对于GIF帧频支持能力有差异，制作表情任务前要明晰平台要求，再进行帧频设置。② 表情包是网络沟通交流的润滑剂，表情包的主题应该尊重并促进积极的交流和互动。在制作和使用表情包时，应该遵循一些基本的礼仪和规则，以确保表情包不会引起误解或冒犯他人。

学习笔记

评价与反思

		任务评价					
序号	评价内容	评价标准	配分	评分记录			
				学生互评	组间互评	教师评价	
1	操作过程	能够准确、熟练地完成操作步骤	30				
2	制作效果	能够具有创新性地完成任务，作品美观、完整	30				
3	学习笔记质量	学习笔记记录工整、严谨	20				
4	沟通交流	能够积极、有效地与教师、小组成员沟通交流	20				
		总分	100				
		任务反思					

任务三　制作燃烧的火焰动画
——形状补间应用

任务描述

利用Animate软件设计制作燃烧的火焰动画。

任务要求：①美术元素简洁、美观；②动画节奏合理，可循环播放。

任务分析

火的发现和利用是人类文明的重要里程碑之一。火的运用使人类能够照明、取暖、烹饪食物、驱赶野兽，提高了生活质量和生存能力。同时，火也为冶炼、医药等领域的发展提供了基础。在我国的传统文化中，燧人氏被尊为火的创造者和发明者，被视为技术和文明的象征。

通常情况下，火焰呈锥形，由内焰和外焰构成，如图3-3-1所示。根据燃烧材质的不同，内焰和外焰呈现不同的颜色。火焰的运动具有较大的随机性，在Animate软件中可以使用形状补间表现其外部轮廓的变化。

图3-3-1　火焰基本结构

任务相关知识

一、形状补间

形状补间是利用两帧之间的基本形状、位置、颜色差异组织动画的动画类型，其变形的灵活性介于逐帧动画和传统补间动画二者之间。形状补间的基本元素必须是基本形状，元件（影片剪辑、图形、按钮）和文字未经打散不能进行形状补间创建，如图3-3-2所示。

**图3-3-2　元件和文字的帧区间
无法激活形状补间**

创建形状补间时，用鼠标选取要创建形状补间动画的关键帧后，单击鼠标右键，在弹出的快捷菜单中选择"创建补间形状"命令，如图3-3-3所示。或者执行"插入">"创建补间形状"菜单命令，也可快速地完成形状补间动画的创建，如图3-3-4所示。形状补间创建完成后，动画帧呈现橙色，如图3-3-5所示。

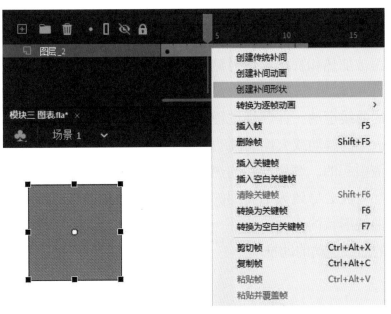

图3-3-3　利用鼠标右键创建形状补间

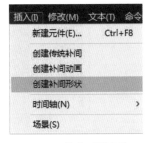

图3-3-4　执行"插入">
"创建补间形状"菜单命令

图3-3-5　形状补间效果

二、火焰的运动规律

一般情况下，火焰动画受两种运动影响：扩张收缩运动和曲线运动。

火焰的扩张收缩运动：火焰的扩张收缩运动是由燃烧产生的热对流和气体动力学效应所引起的，如图3-3-6所示。当燃料在燃烧时释放出热能时，周围的空气被加热并膨胀。由于热空气的密度较低，它会上升形成对流。这种热对流会导致火焰扩张，使火焰的形状变大。然而，当燃料供应不足或氧气不充分时，燃烧过程会减弱，产生的热能减少。这会导致周围的空气不再被加热和膨胀，热对流减弱。火焰的形状会收缩，并且火焰会减小。

火焰的曲线运动：在燃烧过程中火焰有时会表现出曲线运动，这种现象被称为火焰的舞动或火焰的颤动，如图3-3-7所示。火焰的曲线运动主要是由热对流引起的。燃烧产生的热能使周围空气被加热并膨胀，形成热对流。这种热对流会导致火焰周围的空气产生上升和下降的运动，从而使火焰呈现出曲线形状的运动。此外，燃料和氧气供应的不均匀性和外部扰动也是火焰的曲线运动的助推剂。

图3-3-6　火焰的扩张收缩运动　图3-3-7　火焰的曲线运动

任务实施

步骤一　素材收集与构思。根据任务要求收集相关美术素材，根据素材构思画面。

步骤二　创建文件。创建一个800像素×500像素、25帧速率的Animate文件，"平台类型"可以保持默认设置。保存文件在一个固定路径。

▶ 微课 ◀

步骤三　制作形状元素。绘制火焰的燃烧物，本任务绘制木头堆作为火焰的燃烧物。绘制燃烧的木头时，要考虑燃烧部位的炭化现象。木头堆外可以堆放一些石头，可以使画面更加完整，如图3-3-8所示。

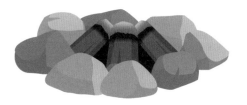

图3-3-8　制作形状元素

步骤四　制作火焰外轮廓（外焰）关键帧。根据火焰的运动规律绘制5个火焰外轮廓关键帧，首尾帧图形尽量趋同，从而保证动画循环，如图3-3-9所示。为5个图形添加径向渐变色并赋予一定的透明度，越靠近内焰，颜色越偏黄，透明度越高，如图3-3-10所示。

图3-3-9　火焰外轮廓关键帧

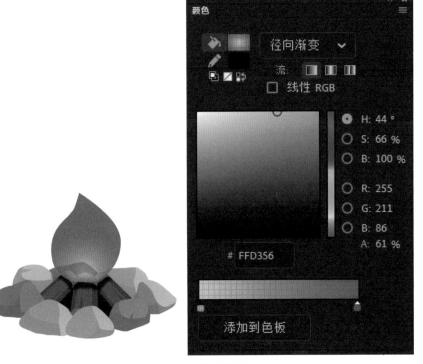

图3-3-10　完善关键帧配色

步骤五　制作内焰关键帧。复制外焰关键帧在新图层，缩小并调整颜色形成火焰内焰，如图3-3-11所示。

图3-3-11 制作内焰关键帧

步骤六 制作形状补间。为"外焰"图层和"内焰"图层添加形状补间，如图3-3-12所示。

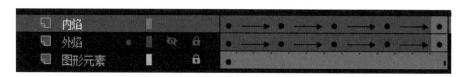

图3-3-12 制作形状补间

步骤七 完成制作。优化动画节奏和画面美术效果。可以逐帧为火焰收缩阶段增加一些外溢的火苗，如图3-3-13所示。保存文件，燃烧的火焰动画就完成了。

图3-3-13 增加外溢火苗

注意事项：① 形状补间偶尔会出现图形计算混乱的情况，在实际工作中往往与逐帧动画搭配使用。为了保证形状补间运算正常，前后关键帧内的图形节点数量尽量保持一致。② 本任务实施阶段的火焰运动相对稳定，适合使用形状补间表现。可以将燃烧物替换成蜡烛、火把，同样适用。如遇到剧烈的爆燃火焰，建议使用逐帧动画。③ 形状补间不适用于有两种以上纯色的图形，仅适用于单色图形或渐变色图形。

学习笔记

评价与反思

序号	评价内容	评价标准	配分	评分记录		
				学生互评	组间互评	教师评价
1	操作过程	能够准确、熟练地完成操作步骤	30			
2	制作效果	能够具有创新性地完成任务，作品美观、完整	30			
3	学习笔记质量	学习笔记记录工整、严谨	20			
4	沟通交流	能够积极、有效地与教师、小组成员沟通交流	20			
	总分		100			

任务评价

任务反思

任务四　制作跳动的乒乓球动画
——传统补间与声音应用

任务描述

利用Animate软件设计制作跳动的乒乓球动画。

任务要求：① 场景包含球桌、球拍等元素，且简洁美观，画面风格统一；② 声画匹配，动画节奏合理。

任务分析

乒乓球是我国的国球。我国乒乓球队在奥运会、世界锦标赛和亚洲运动会等重要比赛中屡创佳绩，为国家争得了荣誉。乒乓球运动的成功在很大程度上推动了我国体育的发展，并且为人民带来了无尽的乐趣和荣耀。

乒乓球的弹跳运动属于经典的球体下落回弹运动，掌握该运动调节是动画从业者的基本功。球体下落时为加速状态，球体回弹上升时为减速状态。另外，球体材质不一，使得下落节奏与回弹幅度存在差异。在Animate软件中可以使用传统补间表现乒乓球的弹跳运动。为了使动画更加生动，可以为其增加乒乓球碰触音效。

任务相关知识

一、传统补间

传统补间也称动作补间，它根据同一图层两个关键帧之间同一元件的不同位置、大小、颜色、透明度设置动画。传统补间是Animate软件中比较常用的动画类型。

图3-4-1　单击鼠标右键创建传统补间

创建传统补间时，用鼠标选取要创建动画的关键帧后，单击鼠标右键，在弹出的快捷菜单中选择"创建传统补间"命令，或者执行"插入" > "创建传统补间"菜单命令，如图3-4-1、图3-4-2所示，可快速地完成传统补间动画的创建。传统补间创建完成后，动画帧呈现紫色。

这种创建方式会在库中自动生成不必要的元件单位，如图3-4-3所示。从方便元件管理的角度出

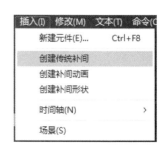

图3-4-2　执行"插入" > "创建传统补间"菜单命令

发，在创建第二个关键帧前，应先将图形保存为元件（图形或影片剪辑），如图3-4-4所示。

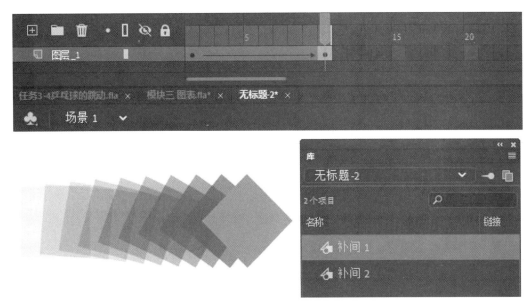

图3-4-3　库中生成不必要的元件单位（共2个）

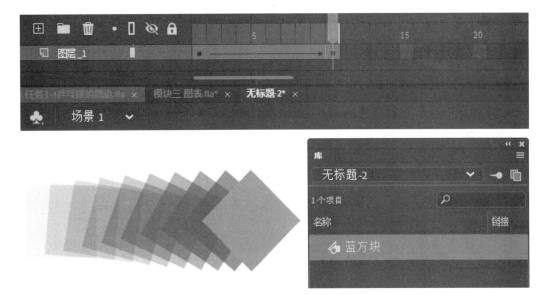

图3-4-4　正常的传统补间元件数量（共1个）

在属性面板中可以对选中的动画区间进行编辑。其中效果栏主要用于控制动画节奏，点击后面的"铅笔"图标可以自定义节奏曲线，加速为凹形，减速为凸形，如图3-4-5、图3-4-6所示。这种调节同样适用于形状补间。

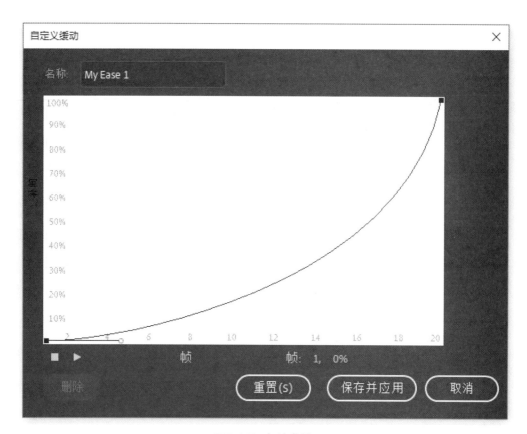

图3-4-5　加速曲线

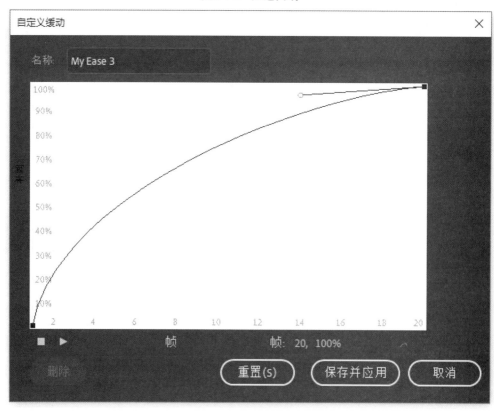

图3-4-6　减速曲线

在学习使用Animate软件过程中，初学者容易将传统补间与形状补间混淆，它们的具体差异如表3-4-1所示。

表3-4-1 传统补间和形状补间的区别

动画类型	传统补间	形状补间
创建方法	在一个关键帧中设置一个元件，然后在另一个关键帧改变这个元件的大小、颜色、位置、透明度等，软件根据两元件间差异创建动画	在一个关键帧中绘制一个形状，然后在另一个关键帧更改该形状或者绘制另一个形状，软件根据二者之间的形状创建动画
构成元素	元件。元件包括影片剪辑、图形、按钮，如想用普通图形、文字、位图制作传统补间，需要将其转化为元件	普通形状。如果遇到元件、文字，则必须先打散再进行形状补间制作
动画帧颜色	紫色	橙色
完成作用	实现一个元件大小、位置、颜色、透明度等元素的变化	实现两个形状间的变化，或一个形状大小、位置、颜色的变化
与骨骼动画的关系	支持骨骼动画	不支持骨骼动画父级关系

二、图形与影片剪辑

Animate元件包括"影片剪辑""按钮""图形"。选择普通形状按F8键就可弹出"转换为元件"面板，进行元件转换，如图3-4-7所示。其中"图形"与"影片剪辑"主要应用于传统补间。在Animate动画中，一个元件可以被多次使用在不同位置。各个元件之间可以相互嵌套，不管元件的行为属于何种类型，都能以一个独立的部分存在于另一个元件中，使制作的Animate动画有更丰富的变化。

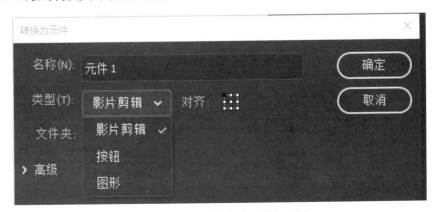

图3-4-7 "转换为元件"面板

（一）图形

图形元件是Animate最基本的元件，主要用于建立和储存独立的图形内容，也可以用来制作动画，但是当把图形元件拖曳到舞台区域中或其他元件中时，不能对其设置元件标记，也不能为其添加脚本。在Animate软件中可将编辑好的对象转换为元件，也可以创建一个空白的元件，然后在元件编辑模式下制作和编辑元件。

1. 将对象转换为图形元件

在场景中，选中的任何对象都可以转换为图形元件。具体方法如下。

步骤一　使用"选择工具"选中舞台区域中的对象。

步骤二　执行"修改">"转换为元件"命令或者按下F8键，打开"转换为元件"对话框，在"名称"文本框中输入元件的名称，在"类型"下拉列表中选择"图形"选项，如图3-4-8所示。单击"确定"按钮后，位于舞台区域中的对象就转换为元件了。

图3-4-8　将图形对象转换为元件

2. 创建新的图形元件

创建新的图形元件是指直接创建一个空白的图形元件，然后进入元件编辑模式创建和编辑图形元件的内容。

步骤一　执行"插入">"新建元件"命令，如图3-4-9所示。打开"创建新元件"对话框，在"名称"文本框中输入元件的名称，在"类型"下拉列表中选择"图形"选项，如图3-4-10所示。

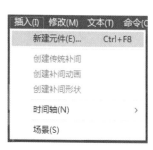

图3-4-9　"新建元件"命令　　　　图3-4-10　"创建新元件"面板

步骤二 单击"确定"按钮后，工作区会自动从影片的场景转换到元件编辑模式。在元件的编辑区中心处有一个"＋"光标，可以在这个编辑区中编辑图形元件。编辑后单击"向左箭头"可以退出元件编辑，如图3-4-11所示。

图3-4-11　点击"向左箭头"可以退出元件编辑

（二）影片剪辑

影片剪辑是Animate影片中常用的元件类型，是独立于影片时间线的动画元件，主要用于创建具有一段独立主题内容的动画片段。当影片剪辑所在图层的其他帧没有别的元件或空白关键帧时，它不受目前场景中帧长度的限制，可循环播放；如果有空白关键帧，并且空白关键帧所在位置比影片剪辑动画的结束帧靠前，影片会结束，同样也提前结束循环播放。

如果在一个Animate影片中，某一个动画片段在多个地方使用，这时可以把该动画片段制作成影片剪辑元件。和制作图形元件一样，在制作影片剪辑时，可以创建一个新的影片剪辑，也就是直接创建一个空白的影片剪辑，然后在影片剪辑编辑区中对影片剪辑进行编辑。

（三）编辑图形与影片剪辑

在属性面板中可以对选中的图形与影片剪辑进行编辑。"色彩效果"栏是二者常用的编辑项，可以在其中调整元件亮度、色调、Alpha（透明度）等参数，如图3-4-12所示。

图3-4-12　图形与影片剪辑的"色彩效果"栏

"混合""滤镜""3D定位和视图"为影片剪辑的独有属性栏，如图3-4-13所示。"混合"栏主要用于设置图层间的叠加关系，与Photoshop的图层关系设置方法类似，如图3-4-14所示。"滤镜"栏是传统工具栏，比较常用，单击"＋"按钮可以为影片剪辑提供投影、模糊、发

图3-4-13　影片剪辑的独有属性栏

光、斜角等效果，如图3-4-15所示。"3D定位和视图"栏可以用于补间动画的参数调节。图形与影片剪辑的具体差异如表3-4-2所示。

图3-4-14　影片剪辑的"混合"栏

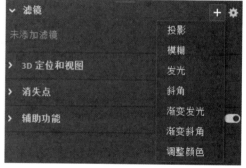

图3-4-15　影片剪辑的"滤镜"栏

表3-4-2　图形与影片剪辑的区别

元件类型	图形	影片剪辑
与主时间轴的关系	播放受主时间轴影响，可以在主时间轴预览元件内部动画	播放不受主时间轴影响，不可以在主时间轴预览元件内部动画
与脚本的关系	不能打标记，不支持脚本功能	可以打标记，支持脚本功能（详见模块五任务三"任务相关知识"）
美术效果	不能添加混合、滤镜、3D定位和视图参数	可以添加混合、滤镜、3D定位和视图参数
使用情景	适用于无滤镜效果的普通动画	适用于网页、游戏等交互应用，如果对元件美术效果有较高要求，也可以在普通动画中使用

三、声音素材

要使Animate动画更加完善、更加引人入胜，只有漂亮的造型、精彩的情节是不够的。为Animate动画添加生动的声音效果除了可以使动画内容更加完整外，还有助于动画主题的表现。

（一）导入声音

Animate软件的Windows版本可以导入大多数格式的声音文件，常用的声音格式主要是MP3和WAV。MP3格式体积小，可以有效控制Animate文件体量。MP3格式版本较多，有时会出现无法使用的现象，此时可以使用声音剪辑工具转录。WAV格式体积较大，但使用稳定。WAV格式一般不会出现报错问题，但制作长音频动画时比较消耗系统资源。

Animate影片中的声音是通过导入外部的声音素材而得到的。导入时，执行"文件">"导入">"导入到舞台"菜单命令，就可以进行声音文件的导入，也可以利用鼠标将声音素材直接拖入舞台区域或库中。

（二）使用声音

当把声音导入"库"面板后，就可以将它应用到动画中了。操作步骤如下。

步骤一　新建一个图层来放置声音，可以将该图层命名为"声音"。"声音"图层的帧范围就是声音的有效播放区间，如图3-4-16所示。

图3-4-16　新建"声音"图层

步骤二　选择"声音"图层需要添加音效的帧（本步骤选第一帧），利用鼠标将声音素材从库中直接拖入舞台区域，此时"声音"图层在时间轴上出现橙色线，如图3-4-17所示。

图3-4-17　将声音素材添加到时间轴上

（三）编辑声音

添加声音到时间轴后，选中含有声音的帧，在属性面板中可以查看声音的属性。其中"效果"栏主要用于控制声道音量，如图3-4-18所示。"同步"栏主要用于设定声音与时间轴的关系，如图3-4-19所示。在"同步"栏中，"事件""数据流"是主要应用项。声音为"事件"时，声音的播放不再受时间轴约束，时间轴播放完后，声音依然可以播放。声音为"数据流"时，声音的播放与时间轴是匹配的。

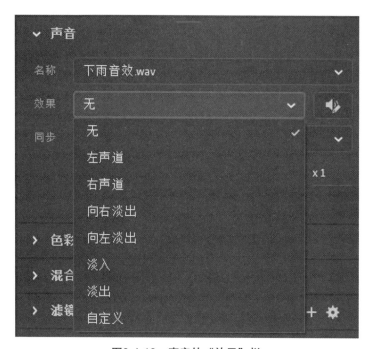

图3-4-18 声音的"效果"栏

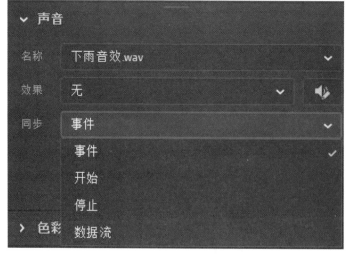

图3-4-19 声音的"同步"栏

任务实施

步骤一　素材收集与构思。根据任务要求收集相关美术素材，根据素材构思画面。

步骤二　创建文件。创建一个800像素×400像素、25帧速率的Animate文件，"平台类型"可以保持默认设置。保存文件在一个固定路径。

▶ 微课 ◀

步骤三　制作形状元素。绘制乒乓球与运动环境，如图3-4-20所示。将乒乓球和运动环境分别放置在不同图层。乒乓球要保存成元件。为了使动画更加生动，可以为乒乓球、乒乓球拍、文字横幅绘制阴影。乒乓球的阴影会受乒乓球运动影响而产生缩放变化。

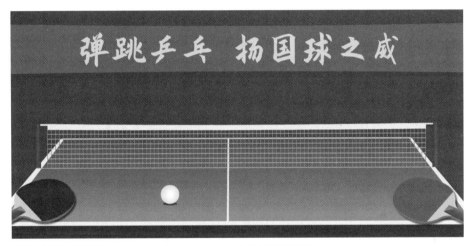

图3-4-20　乒乓球与运动环境

步骤四　导入声音素材。为声音素材独立建层，选择"声音"图层，将乒乓球碰触音效拖入舞台区域，如图3-4-21所示。此时可以在图层浏览声音的波形，每个凸起波形都是乒乓球与桌面碰触产生的，可以利用声音波形调节动画节奏。

图3-4-21　声音素材所在图层状态

步骤五　制作传统补间动画。制作乒乓球上下回弹传统补间动画，如图3-4-22所示。乒乓球回弹的过程，回弹高度递减。按Ctrl＋Enter键预览动画，可以发现目前的动画完整，但比较生硬，需要对动画节奏进行调节。

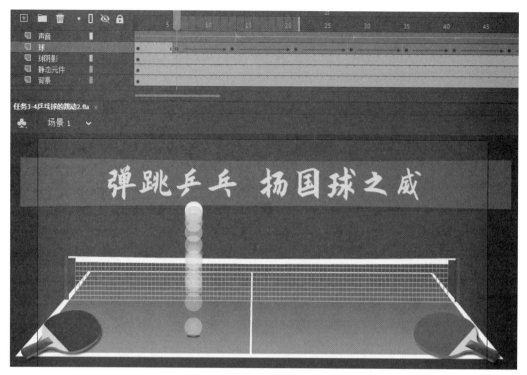

图3-4-22 制作乒乓球上下回弹传统补间动画

步骤六 调整乒乓球动画节奏。鼠标点击补间内，利用属性面板中"编辑缓动"调节功能将球体下落补间调节为加速状态（凹形），球体回弹上升调节为减速状态（凸形），如图3-4-23、图3-4-24所示。按Ctrl＋Enter键预览确定动画。

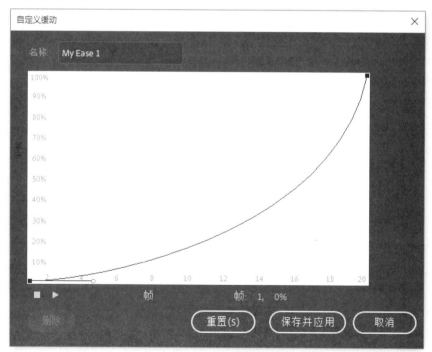

图3-4-23 球体下落曲线

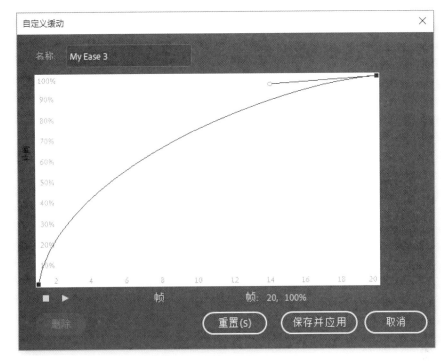

图3-4-24　球体回弹上升曲线

步骤七　制作阴影动画。根据乒乓球动画调节对应阴影状态，球体与桌面越近，阴影面积越大。可以使用传统补间，也可以使用形状补间。本操作流程采用形状补间制作阴影动画，如图3-4-25所示。

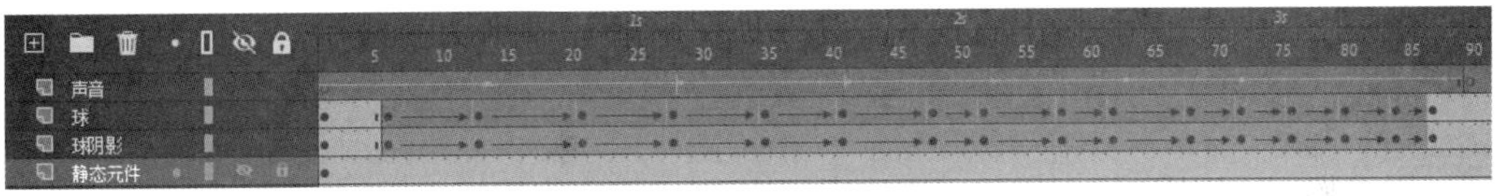

图3-4-25　制作阴影动画

步骤八　完成制作。保存文件，跳动的乒乓球动画就完成了。

注意事项：① 球体下落也有不回弹的情况，如重量大的球体下落或普通球体落入泥地。遇到类似情况时，为了使动画效果逼真，需要补充被撞物体的反应情况。② 在本任务的制作过程中，没有为乒乓球元件添加特殊美术效果，因此将乒乓球转换为元件时，选择图形与影片剪辑皆可。③ 在有声Animate动画的制作中，利用声音调节动画节奏是比较普遍的工作流程。这种方式比先做动画再配音的工作方式节省了音效处理时间。④ 处理复杂声音素材时，需要借助外部软件，如Adobe Audition、Cool Edit等。

评价与反思

任务评价						
序号	评价内容	评价标准	配分	评分记录		
				学生互评	组间互评	教师评价
1	操作过程	能够准确、熟练地完成操作步骤	30			
2	制作效果	能够具有创新性地完成任务，作品美观、完整	30			
3	学习笔记质量	学习笔记记录工整、严谨	20			
4	沟通交流	能够积极、有效地与教师、小组成员沟通交流	20			
总分			100			
任务反思						

任务五　制作运动的皮影人物
——骨骼动画与图层父子关系应用

任务描述

利用Animate软件设计制作皮影人物运动效果。

任务要求：① 皮影特征明显，且简洁、美观；② 皮影动作关节设置合理。

任务分析

皮影戏是我国民间古老的传统艺术，又称"影子戏"或"灯影戏"。据史书记载，皮影戏始于西汉，兴于唐朝，盛于清代，元代时期传至西亚和欧洲，可谓历史悠久、源远流长。2011年11月，中国皮影戏被联合国教科文组织列入《人类非物质文化遗产代表作名录》。

皮影人物用兽皮或纸板剪制成不同的身体模块，再由线绳或金属丝连接。皮影人物的运动点就是连接点。一般情况下，皮影人物运动时，身体模块本身不出现刻意的形变。在Animate软件中可以使用图层父子关系和骨骼动画功能实现仿皮影人物运动效果。皮影人物细节纹理和配饰复杂，需要在形状绘制阶段投入一定的精力。另外，皮影人物手脚是平行放置的，为了方便区分，手脚特别是双脚尽量做一些颜色区分。

任务相关知识

一、骨骼动画

Animate软件的骨骼动画是一种基于骨骼结构的动画技术，通过对角色的骨骼进行控制和变换，实现角色的动作和变形。骨骼动画可以提高角色动画的效率和质量，使角色的动作更加自然和逼真。同时，骨骼动画也为角色的变形和特殊效果提供了更大的灵活性和创造性。

在Animate软件中，实现骨骼动画功能的主要工具是"骨骼工具"和"绑定工具"。通常情况下，它们隐藏在编辑工具栏里，如图3-5-1所示。需要时，将工具按钮拖入工具栏即可，如图3-5-2所示。

用户可以使用"骨骼工具"来创建和编辑骨骼结构。一旦创建了骨骼结构，可以使用关键帧来设置角色在不同时间点的姿势和动作。Animate软件的骨骼动画分为作用于普通形状的骨骼动画和作用于元件的骨骼动画两类。

图3-5-1　编辑工具栏隐藏相关工具的位置　图3-5-2　将"骨骼工具"按钮拖入工具栏

（一）普通形状骨骼动画

普通形状骨骼动画是使用"骨骼工具"在普通形状上创建骨骼的动画，如图3-5-3所示。通常应用于软体动画的表现。普通形状骨骼动画的具体创建方法如下。

图3-5-3　在普通形状上创建骨骼

步骤一　创建基础形状。绘制形状时，形状内部不能存在基于骨骼的交叉分割，如图3-5-4所示。

不可以绑定骨骼的形状

不可以绑定骨骼的形状

可以绑定骨骼的形状

可以绑定骨骼的形状

可以绑定骨骼的形状

可以绑定骨骼的形状

骨骼设置方向

图3-5-4　图形样式与骨骼绑定

步骤二　创建骨骼。使用"骨骼工具"在形状的内部建立骨骼关节。如果骨骼需要分支，可以继续使用"骨骼工具"在需要分支的节点上创建分支骨骼，如图3-5-5所示。

步骤三　调节骨骼。使用"绑定工具"可以查看并设置骨骼对形状节点的控制关系。使用"绑定工具"选择某一段骨骼，受其影响的节点会显示为黄色，如图3-5-6所示。选中某一节点可以为其制定骨骼，制定线和被制定骨骼会显示为黄色，如图3-5-7所示。

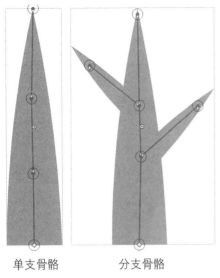

单支骨骼　　　　分支骨骼

图3-5-5　在形状的内部建立骨骼关节　　　图3-5-6　骨骼和节点的关系　　图3-5-7　为节点制定骨骼

（二）元件骨骼动画

　　元件骨骼动画是使用"骨骼工具"在元件上创建骨骼的动画，如图3-5-8所示。通常应用于刚体动画的表现。元件骨骼动画的具体创建方法如下。

图3-5-8　元件骨骼动画

　　步骤一　创建元件。元件的三种类型都可以用于骨骼动画制作。因为创建骨骼节点时，节点对元件中心点有吸附现象，所以元件创建后尽量将中心点放置在运动关节处，方便动画调节，如图3-5-9所示。

　　步骤二　创建骨骼。使用"骨骼工具"在元件之间建立骨骼关节，如图3-5-10所示。如果骨骼需要分支，可以继续使用"骨骼工具"在需要分支的节点上创建分支骨骼，分支骨骼上应有配套元件，如图3-5-11所示。元件骨骼动画的调节功能有限，"绑定工具"不能应用于该类型动画调节。

　　　　图3-5-9　设置元件中心位置　　　　　　图3-5-10　在元件间创建骨骼关节

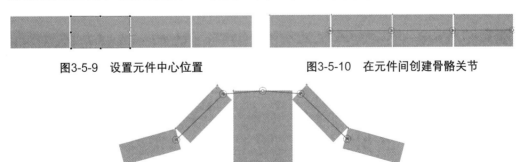

图3-5-11　创建分支骨骼

二、图层父子关系

Animate软件允许将一个图层设置为另一个图层的父层。图层父子关系是一种允许动画的一个图层对象控制另一个图层对象的动画功能。图层父子关系可以更轻松地控制角色不同部分的移动。如图3-5-12所示，在父子层视图中，子层上的对象继承父层上对象的位置和旋转，但不包含其自身的特性。因此，当移动或旋转父对象时，子对象也会随父对象一起移动或旋转。可以创建多个图层父子关系来设置层次结构。创建图层父子关系的具体方法如下。

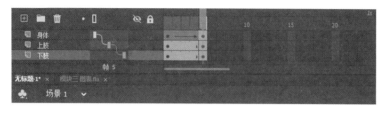

图3-5-12　图层父子关系

步骤一　制作图层与美术资源。制作美术资源时尽量将其保存为元件。元件创建后尽量将中心点放置在运动关节处，如图3-5-13所示。

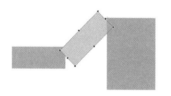

图3-5-13　将元件中心点放置在运动关节处

步骤二　设置父子关系。单击"显示父级视图"按钮，将子级图层色块拖放在父级图层色块下面，如图3-5-14、图3-5-15所示。

图3-5-14　"显示父级视图"按钮位置　　图3-5-15　将子级图层色块拖放在父级图层色块下面

步骤三　制作动画。从父级图层向子级图层依次制作动画。

注意事项：使用图层父子关系时一定要先确定元件，再确定父子关系，最后制作动画。确定父子关系时，相关图层最好只有一个关键帧。父子关系确定后，不可在图层中添加新的元件。动画制作后不可再调节父子关系，否则会造成动画混乱。

任务实施

▶ 微课 ◀

步骤一 素材收集与构思。根据任务要求收集相关美术素材，根据素材构思画面。

步骤二 创建文件。创建一个800像素×400像素、25帧速率的Animate文件，"平台类型"可以保持默认设置。保存文件在一个固定路径。

步骤三 制作形状元素。绘制皮影人物各部位元件与背景，如图3-5-16、图3-5-17所示。将元件分置在不同图层。元件创建后尽量将中心点放置在运动关节处。因图层数量较多，要准确地为图层命名，如图3-5-18所示。

图3-5-16 制作形状元素

图3-5-17　皮影人物各部位元件

图3-5-18　为图层命名

步骤四　设置图层父子关系。"上身"层是皮影人物的总父级，向外辐射依次确定父子关系，如图3-5-19所示。

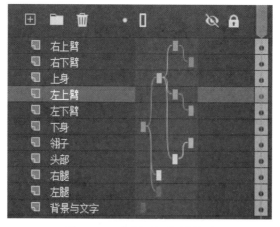

图3-5-19　设置图层父子关系

步骤五　设置"翎子"层骨骼动画。在"翎子"层元件内部为形状绑定骨骼，如图3-5-20所示。

图3-5-20　在"翎子"层元件内部为形状绑定骨骼

步骤六　制作动画。在不同图层中分别制作动画，总体思路是先做父级再做子级，如图3-5-21所示。"翎子"层的骨骼动画在元件内部制作，如图3-5-22所示。本任务相关知识相对庞杂，任务重点是皮影关节设置，没有实际的动作目标要求，学习者可以根据皮影戏的影视片段调节动画效果。

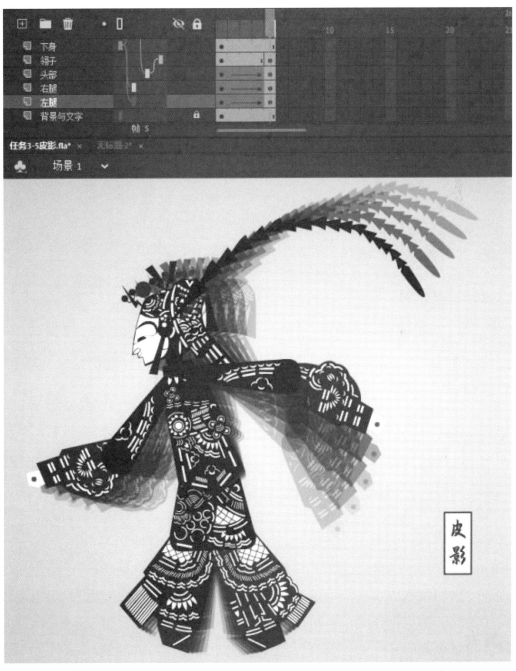

图3-5-21　在不同图层中分别制作动画

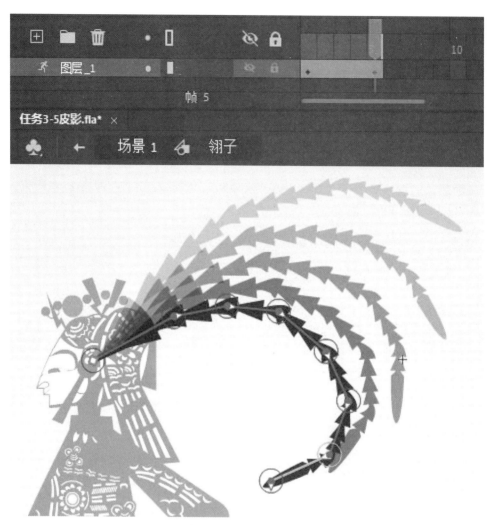

图3-5-22　"翎子"层的骨骼动画在元件内部制作

步骤七　完成制作。保存文件，皮影人物运动效果就完成了。

注意事项：① 在实际的工作中，骨骼动画与图层父子关系功能的搭配使用并不常见。原因是两个软件功能相对较新，兼容性存在一定问题。制作步骤五时可能会存在元件内部无法绑定骨骼的现象。遇到这种情况时，可以在另外一个项目文件中将翎子骨骼动画制作后复制到本文件元件，再作调试。② 皮影人物适合使用图层父子关系功能制作，不适合仅使用元件骨骼动画制作。因为元件骨骼动画不擅长同时处理身体和五个关节（头部和四肢）之间的关系。使用元件骨骼动画制作皮影人物会出现关节脱节的现象，增加调制成本。③ 使用图层父子关系时一定要先确定元件，再确定父子关系，最后制作动画。确定父子关系时，相关图层最好只有一个关键帧。父子关系确定后，不可在图层中添加新的元件。动画制作后不可再调节父子关系，否则会造成元件位置混乱。

评价与反思

任务评价						
序号	评价内容	评价标准	配分	评分记录		
				学生互评	组间互评	教师评价
1	操作过程	能够准确、熟练地完成操作步骤	30			
2	制作效果	能够具有创新性地完成任务，作品美观、完整	30			
3	学习笔记质量	学习笔记记录工整、严谨	20			
4	沟通交流	能够积极、有效地与教师、小组成员沟通交流	20			
	总分		100			
任务反思						

任务六 制作闪动的手机动画
——遮罩动画与位图应用

任务描述

利用Animate软件设计制作闪动的手机动画。

任务要求：① 主题明确，要包含"创新科技，引领未来"的广告语；② 美术元素简洁、美观；③ 声画风格统一，动画节奏设置合理。

任务分析

产品动画是展示产品特点、功能和优势的一种有效方式。它适用于广告、宣传视频、演示文稿等多种场景，能够吸引观众的注意力并有效地传达产品信息。产品动画通常具有鲜明的主题，时长较短，尺寸灵活，非常适合使用Animate软件进行制作。特别是对数码产品、家电等含有大量玻璃、金属、硬质塑料等高反光材质的产品，Animate的遮罩功能可以制作出闪动过光效果，非常善于表现这些材质的高反光特性。另外，在Animate软件中用户可以通过调整产品位图进行动画制作，以满足复杂产品结构的表现需求。这样可以更好地展示产品的细节和外观，使动画效果更加逼真和生动。

任务相关知识

一、遮罩功能

遮罩功能，顾名思义是Animate软件中关于显示和遮盖的相关功能。遮罩功能的实现依靠遮罩层和被遮罩层两个元素。

遮罩层的颜色并不可见，仅提供被遮罩层的显示范围，而被遮罩层中只有被遮罩覆盖的部分才是可见的，如图3-6-1所示。

遮罩层形状　　　　被遮罩层形状　　　　遮罩效果

图3-6-1 遮罩效果解析

遮罩功能具体的实现方法如下。

步骤一 创建遮罩形状和被遮罩对象，将它们分置在不同图层。遮罩形状图层在上，高光图层在下。

步骤二 在遮罩形状所在图层控制区中，单击右键弹出编辑图层菜单，选择"遮罩层"选项，如图3-6-2所示。此时该图层就转化为引导层，被遮罩对象所在图层被自动设定为被引导层，如图3-6-3所示。再单击编辑图层菜单中的"遮罩层"选项可以撤销遮罩。

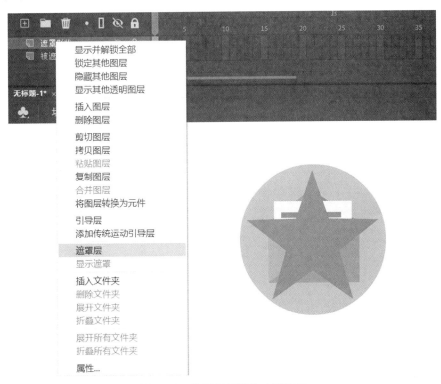

图3-6-2 普通图层转化为遮罩层

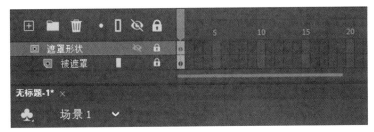

图3-6-3 实现遮罩功能

注意事项：① 遮罩层和被遮罩层均可以设置动画。在遮罩层设置动画时，被遮罩层的显示范围是运动的；② 不能对遮罩层上的对象使用3D工具，包含3D对象的图层也不能用作遮罩层。

二、编辑位图

Animate软件可以对位图进行调整和编辑。常见的Animate位图素材包括PNG和JPG两种格式。JPG格式图片独立性较强，适合作为动画的背景素材。PNG格式局部透明，与环境有很强的兼容性，适用于场景静态元件和动作物体。导入位图到Animate时，要确保其尺寸与动画场景匹配，避免使用过大的位图。分辨率过高的位图不适合在Animate中使用。建议使用Photoshop设置通用的分辨率参数，如72dpi（每英寸点数）。这样可以保证位图在Animate中的应用效果更佳。Animate对位图的编辑包括常规图形编辑和矢量编辑两种方式。

（一）常规图形编辑

将位图导入软件后，再将其打散（Ctrl＋B键），可以裁剪和调整位图尺寸，如图3-6-4所示。将位图保存为影片剪辑，可以对其亮度、色调、透明度等参数进行调整，也可以为其添加滤镜效果，如图3-6-5所示。

编辑前　　　　　　编辑后

图3-6-4　打散并编辑位图

调整亮度　　　　　　调整色调　　　　　　调整透明度　　　　　　添加滤镜

图3-6-5　编辑位图影片剪辑

（二）矢量编辑

如果位图结构简单，或想追求特殊美术效果，可以在图形上单击鼠标右键，选择"转换位图为矢量图"，将其转化为矢量图，如图3-6-6、图3-6-7所示。转化后可以对形状进行常规的矢量编辑，如图3-6-8所示。

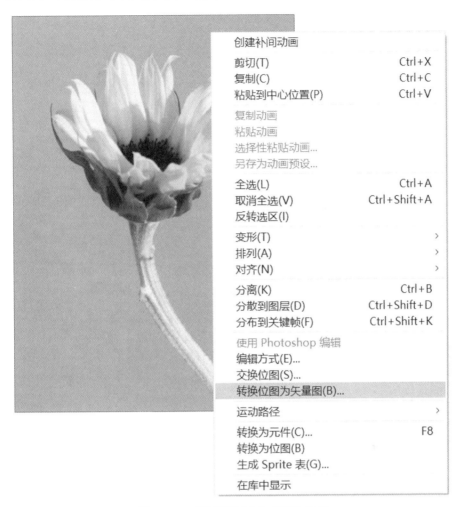

创建补间动画	
剪切(T)	Ctrl+X
复制(C)	Ctrl+C
粘贴到中心位置(P)	Ctrl+V
复制动画	
粘贴动画	
选择性粘贴动画...	
另存为动画预设...	
全选(L)	Ctrl+A
取消全选(V)	Ctrl+Shift+A
反转选区(I)	
变形(T)	>
排列(A)	>
对齐(N)	>
分离(K)	Ctrl+B
分散到图层(D)	Ctrl+Shift+D
分布到关键帧(F)	Ctrl+Shift+K
使用 Photoshop 编辑	
编辑方式(E)...	
交换位图(S)...	
转换位图为矢量图(B)...	
运动路径	>
转换为元件(C)...	F8
转换为位图(B)	
生成 Sprite 表(G)...	
在库中显示	

图3-6-6 "转换位图为矢量图"位置

转化前　　　　转化后
图3-6-7 转化前后效果

图3-6-8 编辑矢量图

在转化的过程中可以通过"转换位图为矢量图"面板中的"颜色阈值""最小区域""角阈值""曲线拟合"四个参数修改转化效果，如图

3-6-9所示。"颜色阈值"影响图形细节还原度，数值越小，画面细节越丰富，如图3-6-10所示。"最小区域"影响形状节点数量，数值越大，节点越少，如图3-6-11所示。"角阈值"影响图像转角细节转化，选择"较多转角"时转角细节复杂，选择"较少转角"时转角平缓，如图3-6-12所示。"曲线拟合"影响矢量形状的简化方式，选择越偏向"非常平缓"，图形越平滑，如图3-6-13所示。

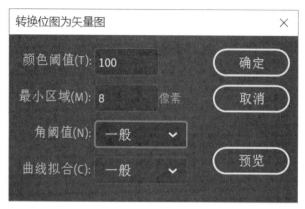

图3-6-9　　"转换位图为矢量图"面板

低颜色阈值

高颜色阈值

图3-6-10　　"颜色阈值"调节效果

低最小区域值

高最小区域值

图3-6-11　　"最小区域"调节效果

较多转角

较少转角

图3-6-12　"角阈值"调节效果

非常紧密

非常平缓

图3-6-13　"曲线拟合"调节效果

任务实施

▶ 微课 ◀

步骤一 素材收集与构思。根据任务要求收集相关美术、音效素材，根据素材构思画面，如图3-6-14所示。

图3-6-14　PNG格式手机图片

步骤二 创建文件。创建一个1280像素×720像素、25帧速率的Animate文件，"平台类型"可以保持默认设置。保存文件在一个固定路径。

步骤三 制作形状元素。将手机图片与广告语摆放在合适的位置，并添加或绘制适当背景，如图3-6-15所示。

创新科技 引领未来

我们的手机　　让您成为科技前沿的探索者

图3-6-15　制作形状元素

步骤四 导入声音素材。为声音素材单独建层。

步骤五 制作图文入场动画。根据音效节奏，使用"传统补间"依次为图文素材制作切入或淡入（由透明到不透明）效果动画。图文素材具体入场方案如图3-6-16所示。制作手机图片切入动画时，需要配合透明度变化切入，动画幅度不宜过大。

图3-6-16　图文素材具体入场方案

步骤六　制作遮罩效果。根据手机材质、文字范围制作遮罩形状和高光，将遮罩形状和高光分置在不同图层。遮罩图层在上，形状使用醒目的颜色。被遮罩高光图层在下，使用形状补间向右运动，如图3-6-17所示。

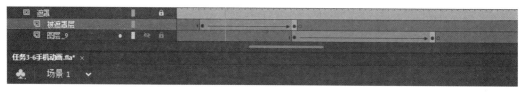

图3-6-17　遮罩图层与被遮罩图层状态

步骤七　调整动画。预览动画，调整动画节奏和动作次序。

步骤八　完成制作。保存文件，闪动的手机动画效果就完成了。

注意事项：① 一般情况下，制作商业产品包装动画时可以向厂商索要产品高清图片素材和广告语。动画制作前要确认音效和文字的授权信息。② 过光动画可以选择使用传统补间、补间动画、形状补间中的任意一种。本任务实施过程选择形状补间。③ 遮罩高光运动和图文元素淡入、切入次序可根据实际需求调整。

评价与反思

任务评价							
序号	评价内容	评价标准	配分	评分记录			
				学生互评	组间互评	教师评价	
1	操作过程	能够准确、熟练地完成操作步骤	30				
2	制作效果	能够具有创新性地完成任务，作品美观、完整	30				
3	学习笔记质量	学习笔记记录工整、严谨	20				
4	沟通交流	能够积极、有效地与教师、小组成员沟通交流	20				
总分			100				
任务反思							

任务七 制作遨游的太空飞船动画
——路径动画与补间动画应用

任务描述

利用Animate软件设计制作遨游的太空飞船动画。

任务要求：① 美术元素简洁、美观，画面风格统一；② 动画路径设置合理。

任务分析

1970年4月24日，我国成功发射了第一颗人造卫星——"东方红一号"。自2003年起，我国顺利实施了一系列载人航天任务，其中包括神舟系列飞船和天宫空间实验室。我国宇航员已经完成了多次太空任务，并积累了宝贵的太空经验。此外，我国还成功发射了自主研发的北斗导航系统，为全球提供导航定位服务。未来，我国还计划进行载人月球探测和火星探测，以进一步探索太阳系的奥秘。我国的航天成就不仅对国内的科技进步和国家安全具有重要意义，也为全球的航天事业做出了积极贡献。

一般情况下，飞船沿固定路径在太空中遨游，且速度平稳。Animate软件的路径动画功能和补间动画功能都可以实现该动画效果。

任务相关知识

一、路径引导动画

路径引导动画可以理解为在动画制作过程中，通过定义一条引导线，让角色或物体沿着该线运动，从而实现更加流畅和自然的动画效果。引导线可以是直线、曲线或复杂的路径，具体取决于用户想要实现的动画效果。在Animate软件中，引导线和被引导对象要分置在不同图层，被引导对象必须是元件。设置路径引导动画的具体步骤如下。

步骤一　在线条所在图层控制区中，单击鼠标右键弹出编辑图层菜单，选择"引导层"选项，如图3-7-1所示。此时该图层就转化为引导层，如图3-7-2所示。再单击编辑图层菜单中的"引导层"选项可以撤销引导。

步骤二　利用鼠标拖动被引导层的图层控制区，置于引导层右下，此时引导和被引导关系就确定了，如图3-7-3所示。

步骤三　在被引导层创建传统补间动画，保证首尾帧元件的中心点放置在线条上，路径引导动画就完成了，如图3-7-4所示。

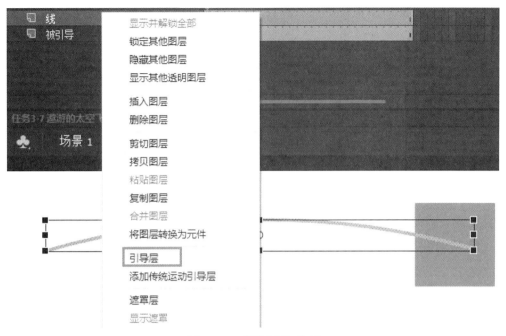

图3-7-1　"引导层"位置

图3-7-2　普通图层转化为引导层

图3-7-3　确定引导和被引导关系

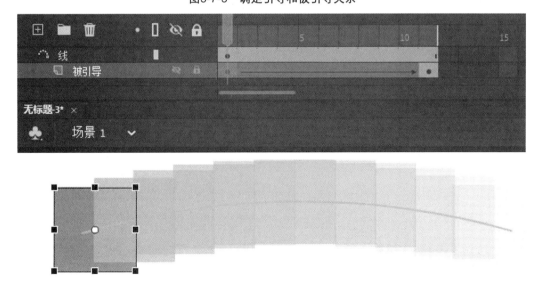

图3-7-4　首尾帧元件的中心点放置在线条上

在制作动画过程中，角色或物体将沿着引导线的路径移动，可以通过调整关键帧之间的中间帧来控制移动的速度和流畅度。引导层中的所有内容只在制作动画时作为参考线，并不出现在作品的最终效果中。

二、补间动画

补间动画是用Animate制作流畅动画效果的关键技术之一。它通过在动画序列的起始帧和终止帧之间为特定对象的属性设定不同的值，从而生成平滑的动画效果。这些属性不仅包括位置和大小，以控制对象在场景中的移动和缩放，还涉及颜色、滤镜应用以及3D空间定位。通过对这些属性的综合运用，补间动画在Animate中实现了从简单到复杂、从二维到三维的全方位动画创作。

补间动画与传统补间类似，都需要将运动物体保存为元件。在创建补间动画时，用鼠标选取要创建动画的关键帧后，单击鼠标右键，在弹出的快捷菜单中选择"创建补间动画"命令，或者执行"插入">"创建补间动画"菜单命令，如图3-7-5、图3-7-6所示。

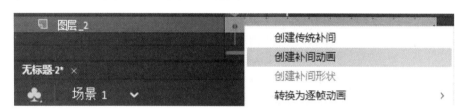

图3-7-5　利用鼠标右键创建补间动画

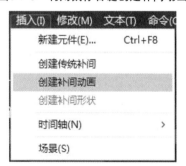

图3-7-6　执行"插入">"创建补间动画"菜单命令

可以选择补间动画中的任意一帧，然后在该帧上移动动画元件。不同于传统补间和形状补间，Animate软件会自动构建运动路径，以便为第一帧和下一个关键帧之间的各个帧设置动画。补间动画创建完成后，动画帧呈现土黄色，如图3-7-7所示。

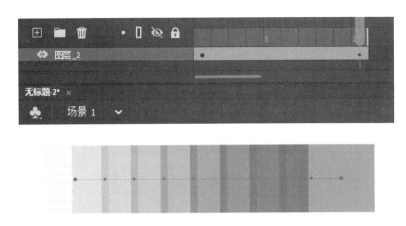

图3-7-7　补间动画自动构建运动路径

使用"部分选取工具"按Alt键可以为运动路径节点添加贝塞尔曲线，从而实现对元件的运动轨迹和节奏的编辑，如图3-7-8所示。节点越密集，该时段运动速度越慢，反之运动速度越快，如图3-7-9所示。补间动画、传统补间、形状补间之间的差异如表3-7-1所示。

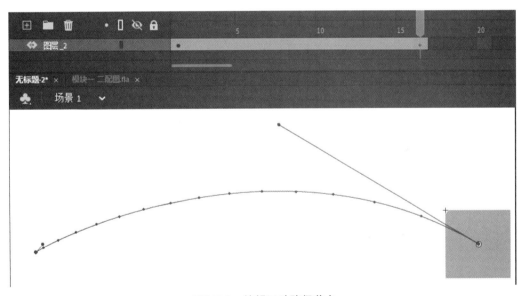

图3-7-8　编辑运动路径节点

图3-7-9　运动路径节点越密集，运动速度越慢

表3-7-1　补间动画、传统补间、形状补间之间的区别

动画类型	补间动画	传统补间	形状补间
创建方法	在元件帧创建动画，选择补间中的任一帧调整元件参数（大小、颜色、位置、透明度、3D定位）	在一个关键帧中设置一个元件，然后在另一个关键帧改变这个元件的大小、颜色、位置、透明度等，软件根据两元件间差异创建动画	在一个关键帧中绘制一个形状，然后在另一个关键帧更改该形状或者绘制另一个形状，软件根据二者之间形状差异创建动画
构成元素	元件。元件包括影片剪辑、图形、按钮，如想用普通形状、文字、位图制作补间动画，需要将其转化为元件。图形、按钮不能进行3D补间设置	元件。元件包括影片剪辑、图形、按钮，如想用普通形状、文字、位图制作传统补间，需要将其转化为元件	普通形状。如果遇到元件、文字，则必须先打散再进行形状补间制作
动画帧颜色	土黄色	紫色	橙色
完成作用	实现一个元件大小、位置、颜色、透明度、3D定位等元素的变化	实现一个元件大小、位置、颜色、透明度等元素的变化	实现两个形状间的变化，或一个形状的大小、位置、颜色变化
与骨骼动画关系	支持骨骼动画	支持骨骼动画	不支持骨骼动画父级关系

微课

任务实施

完成本任务有两种工作思路：利用路径引导动画完成任务和利用补间动画完成任务。

方法一　利用路径引导动画完成任务

步骤一　素材收集与构思。根据任务要求收集相关美术素材，根据素材构思画面。

步骤二　创建文件。创建一个800像素×600像素、25帧速率的Animate文件，"平台类型"可以保持默认设置。保存文件在一个固定路径。

步骤三　制作形状元素。绘制太空飞船与太空背景，如图3-7-10所示。将太空飞船、地球、太空背景分别放置在不同图层。太空飞船要保存成元件。在表现地球大气层时，可以为其增加模糊效果层，如图3-7-11所示。

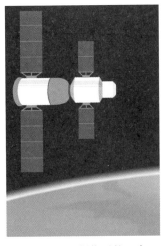

图3-7-10　制作形状元素

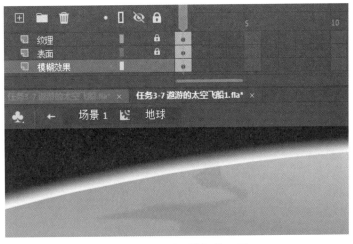

图3-7-11　增加模糊效果层

步骤四　绘制飞船运动引导路径。利用"线条工具"绘制运动引导路径。一般情况下，太空飞船在太空运动平稳，可以贴合地球外轮廓绘制线条，如图3-7-12所示。

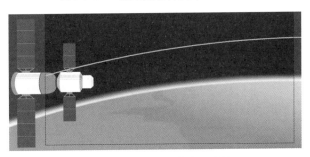

图3-7-12　绘制运动引导路径

步骤五　制作路径引导动画。将线条所在层设置为引导层，将太空飞船所在层添加在引导层右下方，作为被引导对象。将太空飞船的中心点对齐在线条上，如图3-7-13所示。为飞船制作传统补间动画，要保证传统补间动画的前后两个关键帧元件的中心点都在线条上。为了使画面生动，可以为太空飞船添加一定的旋转角度，如图3-7-14所示。

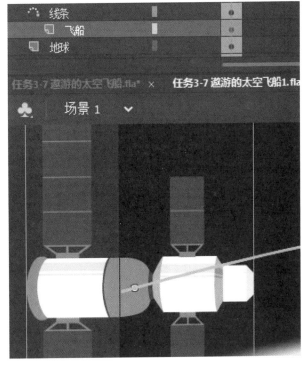

图3-7-13　设置引导关系

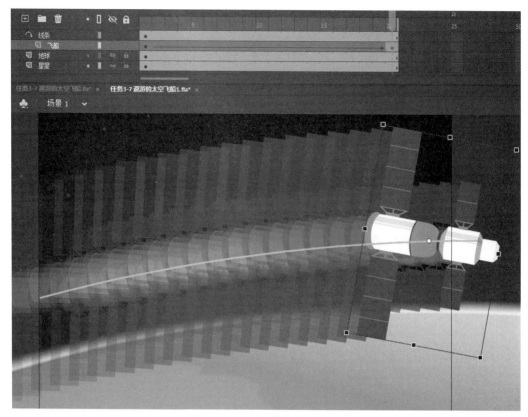

图3-7-14　制作传统补间动画

步骤六　调整动画。预览动画，调整动画节奏。为了使动画更加生动，可以使一些星星闪动，如图3-7-15所示。

图3-7-15　闪动星星的帧图形轮廓

步骤七　完成制作。保存文件，利用路径引导动画制作遨游的太空飞船动画就完成了。

方法二　利用补间动画完成任务

步骤一　素材收集与构思。根据任务要求收集相关美术素材，根据素材构思画面。

步骤二 创建文件。创建一个800像素×600像素、25帧速率的Animate文件，"平台类型"可以保持默认设置。保存文件在一个固定路径。

步骤三 制作形状元素。绘制太空飞船与太空背景。将太空飞船、地球、太空背景分别放置在不同图层。太空飞船要保存成元件。

步骤四 创建补间动画。为太空飞船所在图层关键帧创建传统补间。在补间末尾帧处调整太空飞船的位置和旋转角度，如图3-7-16所示。

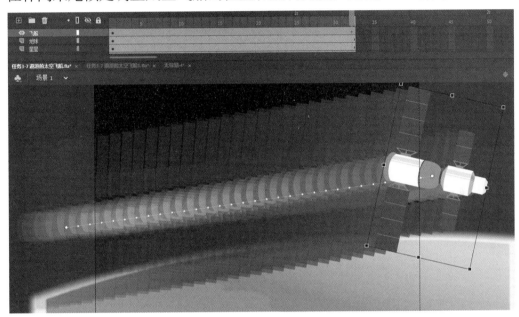

图3-7-16 创建补间动画

步骤五 调整补间动画。使用"部分选取工具"按Alt键调整运动路径节点，使运动路径呈现与地球表面贴合的弧度，运动路径节点平均排列，如图3-7-17所示。

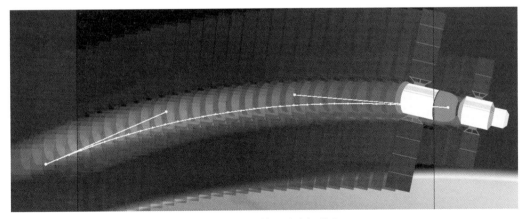

图3-7-17 调整运动路径节点

步骤六 调整动画。预览动画，通过调整补间帧数调节动画速度。为了使动画更加生动，可以使一些星星闪动。

步骤七　完成制作。保存文件，利用补间动画制作遨游的太空飞船动画就完成了。

注意事项：① 因为太空飞船通常是匀速运动的，所以在本任务中仅需要通过帧数调节动画速度，不需要使用属性面板。② 制作路径引导动画时，引导线在动画效果中不可见，为方便动画调节尽量选择醒目色彩。③ 调节补间动画运动路径时，可以调整帧轮廓颜色使线条更加清晰，如图3-7-18所示。双击色块后会出现"图层属性"面板，调整"轮廓颜色"即可，如图3-7-19所示。

图3-7-18　帧轮廓颜色的位置

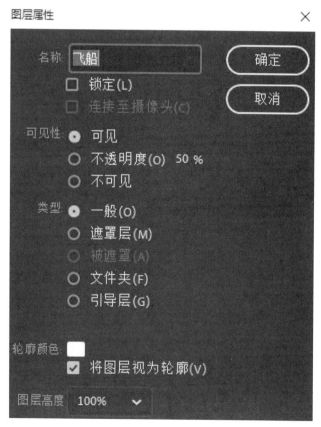

图3-7-19　"图层属性"面板

学习笔记

评价与反思

任务评价						
序号	评价内容	评价标准	配分	评分记录		
				学生互评	组间互评	教师评价
1	操作过程	能够准确、熟练地完成操作步骤	30			
2	制作效果	能够具有创新性地完成任务，作品美观、完整	30			
3	学习笔记质量	学习笔记记录工整、严谨	20			
4	沟通交流	能够积极、有效地与教师、小组成员沟通交流	20			
总分			100			
任务反思						

一、选择题（包含单选题与多选题）

1. 在使用Animate软件过程中，时间轴的最小单位是（　　）。

    A. 帧　　　　　　　B. 秒　　　　　　　C. 动作　　　　　　　D. 场景

2. Animate软件的帧种类多样，常见的帧类型包括（　　）。

    A. 空白帧　　　　　B. 关键帧　　　　　C. 动作帧　　　　　　D. 标签帧

3. Animate软件对帧的编辑方式包括（　　）。

    A. 插入帧、插入关键帧、插入空白关键帧

    B. 删除帧、剪切帧

    C. 复制帧、粘贴帧

    D. 翻转帧

4. 表情动画的主要应用格式是（　　）。

    A. SWF　　　　　　B. PNG　　　　　　C. MP4　　　　　　　D. GIF

5. Animate软件的"编辑多个帧"功能可以实现同时编辑多个关键帧的（　　）。

    A. 位置　　　　　　B. 颜色　　　　　　C. 元件内部形状　　D. 透明度

6. Animate的元件类型包括（　　）。

    A. 脚本　　　　　　B. 影片剪辑　　　　C. 按钮　　　　　　　D. 图形

7. 从作用物体的角度分类，Animate的骨骼动画包括哪两类（　　）。

    A. 作用于时间轴的骨骼动画　　　　　B. 作用于普通形状的骨骼动画

    C. 作用于脚本的骨骼动画　　　　　　D. 作用于元件的骨骼动画

8. 属于位图图像格式的有（　　）。

    A. JPG　　　　　　B. PNG　　　　　　C. AI　　　　　　　　D. SWF

9. Animate补间动画是通过为第一帧和最后一帧之间的某个对象属性指定不同的值来创建的，对象属性包括（　　）。

    A. 位置、大小　　　B. 颜色　　　　　　C. 滤镜　　　　　　　D. 3D定位

10. Animate的动画形式包括（　　）。

    A. 逐帧动画

    B. 形状补间动画、动作补间动画

    C. 骨骼动画

    D. 遮罩动画、引导动画

二、判断题

1. 在使用Animate时要删除时间轴上的一个或多个帧，首先选择这些帧，然后单击鼠标右键，在弹出的快捷菜单中选择"删除帧"命令，就可以删除所选的帧了。（　　）

2. 目前，不同聊天平台支持的GIF动画帧频是统一的。（　　）

3. "绘图纸外观"功能可以通过在舞台区域显示前一帧和后一帧的内容为制作动画提供参考。（　　）

4. 在制作和使用表情包时，应该遵循一些基本的礼仪和规则，以确保表情包不会引起误解或冒犯他人。（　　）

5. 形状补间的基本元素必须是基本形状，元件（影片剪辑、图形、按钮）和文字未经打散不能进行形状补间创建。（　　）

6. 传统补间是利用两帧之间的基本形状、位置、颜色差异组织动画的动画类型。（　　）

7. 在Animate"同步"栏设置过程中，当设置声音为"数据流"时，声音的播放不再受时间轴约束，时间轴播放完后，声音依然可以播放。（　　）

8. 确定Animate图层父子关系后，不可在图层中添加新的元件，动画制作后不可再调节父子关系，否则会造成元件位置混乱。（　　）

9. Animate软件的遮罩层颜色并不可见，仅提供被遮罩层的显示范围，而被遮罩层中只有被遮罩覆盖的部分才是可见的。（　　）

10. 制作Animate路径引导动画时，引导线在动画效果中不可见。（　　）

▶ 模 块 三 ◀
知识巩固答案

模块四 Animate动画的综合表现

　　运动规律是物体运动的基本规则，研究运动规律可以预测和解释物体的运动行为。常见运动规律的动画表现不仅需要软件支持，更需要动画师进行研究分析和工作经验积累。本模块在介绍五类常规动画表现的同时，注重运动规律的分析，以帮助学习者更加深入地理解二维动画制作原理。

学习目标

[加粗部分对应1＋X动画制作职业技能等级要求（初级）]

素养目标

① 审美健康向上，并能运用在动画制作中；② 具备良好的观察、分析能力；③ 具备良好的工作态度、创新意识以及精益求精的工匠精神。

知识目标

① 理解运动透视原理和常规事物运动规律；② 了解角色运动规律和物理运动规律；③ **掌握角色动画的关键帧设置方法**；④ **初步掌握用Animate软件制作角色动画的方法**。

能力目标

① **能够进行简单的角色补间帧绘制**；② **能够设置人物的走路、跑步等基本动作动画**；③ **能够设置四足动物的简单动作动画**；④ **能够设置飞行动物的简单动作动画**；⑤ 能够制作雷雨场景动画。

任务一
制作"新农村"背景的汽车运动动画
——运动透视原理应用

任务描述

利用Animate软件设计制作以"新农村"为背景的汽车运动动画。

任务要求：① 场景要展现"新农村"面貌，美术元素简洁、美观；② 动画结构完整，节奏合理，可循环播放。

任务分析

新农村建设是我国的一项重要战略。在新农村建设过程中，我国农村的住房条件、生产工具、生活环境等方面都得到了显著改善，从而为农村居民提供更好的生活条件。设计本任务的场景环境时，可以选取风力发电机、特色农舍、现代化的农用设备、自然优美的生态环境等元素表现"新农村"动画场景。

在二维动画中，场景是完全绘制在平面上的，不可能将场景的纵深效果画得足够远、足够细，如果用一张背景做推拉效果，运动的幅度必会很小。使用Animate软件制作汽车运动的元件动画，通常选择汽车的正面或正侧面进行画面展现。因为斜侧面的汽车运动无法用元件模拟，需要借助外部3D工具才能准确调节。在表现正面或正侧面汽车运动画面时，运用平行透视和运动透视等原理，可以使观者更好地感受到汽车在空间里的运动和速度。

任务相关知识

一、平行透视

平行透视是一种基本透视绘画技法，也称为单点透视或中心透视。它是通过在画面中使用一个单独的消失点来创造透视效果的方法。在平行透视中，所有的水平线都会汇聚到一个点上，这个点被称为消失点，如图4-1-1所示。

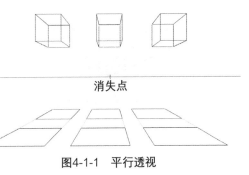

消失点

图4-1-1　平行透视

运用平行透视方法可以创造出具有强烈透视效果的图像，使观者感受到物体的远近距离和空间关系。这种透视方法可以营造出引人注目的视觉效果，并增强画面的纵深感。

二、运动透视

运动透视是指在动画中模拟物体的运动，利用透视原理（平行透视、成角透视、三点透视）来模拟出物体在三维空间中运动的效果，如图4-1-2所示。它可以增强动画的逼真度和立体感。一般情况下，制作运动透视效果需要注意物体的尺寸、比例和运动速度。

尺寸、比例：根据物体的远近关系，离观者更远的物体应该看起来较小，而离观者更近的物体应该看起来较大。在动画中，可以通过改变物体的尺寸和比例来模拟这种效果。

运动速度：物体在运动过程中，应根据与观者的远近关系保持不同的运动速度。远处的景物移动速度相对较慢，近处的景物移动速度相对较快。以汽车的运动为例，物体离汽车越近，向后运动速度越快。在制作马路上的线条时，时间轴较短。处于中间层的物体，时间轴长度适中。远处物体运动非常缓慢，时间轴长。

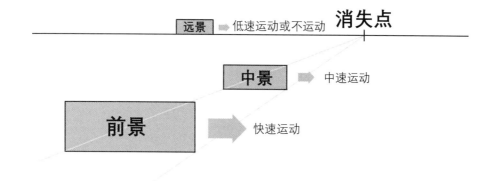

图4-1-2 运用平行透视的运动透视原理图

任务实施

步骤一 素材收集与构思。根据任务要求收集相关美术素材，根据素材构思画面。

步骤二 创建文件。创建一个800像素×600像素、

微课

25帧速率的Animate文件，"平台类型"可以保持默认设置。保存文件在一个固定路径。

步骤三 制作形状元素。确定画面平行线和消失点。依据平行透视原理制作场景相关形状，如图4-1-3所示。绘制汽车运动透视的相关元件，应尽量将不同物体摆放在不同图层，如图4-1-4、图4-1-5所示。制作汽车、拖拉机元件时，车轮和车身要分离。绘制轮胎时尽量做出纹理，不然看不到旋转动画的效果，如图4-1-6所示。

图4-1-3 制作场景相关形状

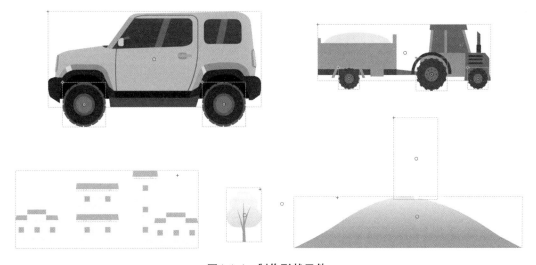

图4-1-4 制作形状元件

图4-1-5　将不同物体摆放在不同图层

图4-1-6　汽车与拖拉机的轮胎纹理

（步骤四）　创建动画。根据运动透视效果，调整各运动物体的关键帧位置。为了实现循环动画效果，任务中的所有动画片段帧数都可以被400整除。具体帧数设置如表4-1-1所示。

表4-1-1　动画帧数与类型统计表

运动物体	帧数/帧	动画类型
汽车车身	10	传统补间

运动物体	帧数/帧	动画类型
汽车车轮	10	传统补间
马路中线	5	逐帧动画
拖拉机	100	传统补间
拖拉机车轮	50	传统补间
中景物体	400	传统补间
风力发电机	50	传统补间
白云	200	传统补间

本任务的动画相对复杂，以下是几个重难点动画片段的制作方法。

汽车车身：运动透视中的主要表现物体往往停留在原地，其运动主要依靠周围物体的相对运动来表现。汽车可以通过原地上下晃动增加动画的趣味，如图4-1-7所示。车身晃动时要注意首帧与末帧位置应当保持一致，以保证动画的循环。

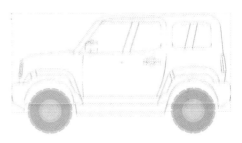

图4-1-7　汽车上下晃动

汽车车轮、拖拉机车轮、风力发电机：这三个传统补间动画的制作方法类似，都可以通过调节属性面板的"旋转"选项来实现物体的转动，旋转圈数根据实际需要调节，如图4-1-8所示。本任务中，汽车车轮、风力发电机的风扇是逆时针运动，拖拉机车轮是顺时针运动。

图4-1-8　属性面板的"旋转"选项

图4-1-9　马路中线关键帧的纵向排列

马路中线：马路中线的运动要依靠平行透视的消失点来调节，图形变化不是很复杂，可以通过逐帧动画来实现。每个图形状态都需要从消失点获得辅助线来制作，如图4-1-9所示。

中景物体：中景物体执行横向的传统补间动画。动画制作的关键在帧数，帧数不足会造成中景运动速度过快。

白云：白云运动缓慢，在卡通中多以圆弧简化外形，如图4-1-10所示。本任务以链条的运动为应用原理，利用多个白色圆球顺时针运动来表现白云的缓慢滚动过程，如图4-1-11所示。

图4-1-10　白云元件外观

图4-1-11　白云元件内部白色圆球顺时针运动

步骤五　调节完善动画。动画创建完成后，可以使用Ctrl＋Enter键预览动画。观察物体之间的运动是否符合运动逻辑，通过加减帧来调节动画节奏。

步骤六　完成制作。保存文件，"新农村"背景的汽车运动动画就完成了，如图4-1-12所示。

图4-1-12　完成动画制作

注意事项：① 如果制作循环动画，图形应作循环序列美术效果处理，各运动物体的动画片段帧数应成倍数关系。本任务被400整除的倍数关系并不是固定的，可以根据制作者实际需求调节，但普通动画片段帧数必须能够被最高动画帧数整除。② 本任务远景物体没有执行横向运动，制作者可以根据实际需求将其替换为缓慢位移效果。③ 本任务仅使用了传统补间和逐帧动画，制作者可以根据个人操作习惯尝试不同的动画形式，如补间动画。

评价与反思

任务评价						
序号	评价内容	评价标准	配分	评分记录		
				学生互评	组间互评	教师评价
1	操作过程	能够准确、熟练地完成操作步骤	30			
2	制作效果	能够具有创新性地完成任务，作品美观、完整	30			
3	学习笔记质量	学习笔记记录工整、严谨	20			
4	沟通交流	能够积极、有效地与教师、小组成员沟通交流	20			
总分			100			
任务反思						

任务二
制作人物运动损伤动画
——人物走路、跑步基本运动规律应用

任务描述

在Animate软件中设计制作人物运动损伤动画。

任务要求：① 展现人物跑步时遇到障碍导致脚踝受伤，最终跟跄坐在地面的侧面动作过程；② 美术元素简洁、美观；③ 动画结构完整，节奏合理。

任务分析

人物运动动画是Animate软件常见的应用之一，运动损伤动画常被应用于康护类教学解析、安全教育、医疗产品广告等工作情境。

本任务涉及人物的三种状态：跑步、受伤走路和坐在地面。在制作本任务动画之前，掌握人物跑步和走路的运动规律是必要的。对于受伤走路的动作，需要根据受伤部位的实际情况对常规走路动画进行调整。此外，为了方便动画制作，需要使用图层父子关系来约束人物的各个部位。关于图层父子关系的相关知识可以参考模

图4-2-1　资源动画库

块三任务五的内容，也可以参考借鉴Animate软件中资源动画库的现成动画人物进行动画调节，如图4-2-1所示。

任务相关知识

一、人物走路的运动规律

人在走路时总是一条腿支撑，另一条腿才能提起跨步，左右两脚交替向前，并带动躯干向前运动。为了保持身体平衡，双臂要前后摆动，身体的重心也会上下移动。因此，在走路的过程中，从侧面观察头顶的高低必然呈波浪形运动。当迈出步子双脚着地时，头顶就略低，当一脚着地另一只脚提起朝前弯曲时，头顶就略高。如图4-2-2所示，画面中的5个状态帧是构成人物走路侧面的5个基本关键帧，通过为这5个关键帧添加过渡帧可以得到更加流畅的走路运动效果，如图4-2-3所示。

图4-2-2　人物走路侧面的5个基本关键帧

图4-2-3　用13帧表现人物走路侧面状态

人处在不同的心情下，走路的姿势也是不一样的，如图4-2-4、图4-2-5所示。所用的时间也大不相同。这需要不断地观察和测试，随着经验的积累，才能做出更完美的行走动画。

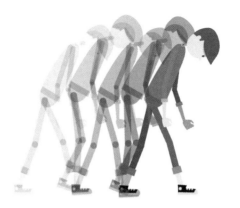

图4-2-4　垂头丧气的走路状态

图4-2-5　自信的走路状态

二、人物跑步的运动规律

　　了解行走的运动规律后，再制作跑步动作就简单多了。人物跑步的运动规律与走路的运动规律大同小异，只是跑步动作幅度更大一些。人在奔跑中的基本规律是：身体重心前倾，手臂呈曲状，两手自然握拳，双脚的跨步动作幅度较大，双脚有同时离地的现象，人体头部的高低变化与走路是相反的，脚着地时往往头部低点，如图4-2-6所示。

图4-2-6　人物跑步侧面的5个基本关键帧

需要注意的是，人物的运动是千变万化的，所以在时间和动作上都会有很大的差别。需要根据动画风格确定具体的表现帧数，在一些特定的影片中走路和跑步循环只需要2帧就能够表现，如图4-2-7所示。在一些写实的动画影片中，如《和巴什尔跳华尔兹》，甚至需要20~30帧来表现走路、跑步运动循环过程，如图4-2-8所示。

图4-2-7　2帧的走路应用

图4-2-8　《和巴什尔跳华尔兹》电影海报局部

任务实施

▶ 微课 ◀

步骤一　素材收集与构思。根据任务要求收集相关美术素材，本任务可以调用Animate软件资源动画库中的现成动画人物进行动画调节，根据素材构思画面。

步骤二 创建文件。创建一个1280像素×720像素、25帧速率的Animate文件，"平台类型"可以保持默认设置。保存文件在一个固定路径。

步骤三 制作形状元素。调整Animate软件资源动画库中的现成动画人物的形状和颜色，给予后部手臂、腿、脚暗色。制作受伤坐在地面上的人物状态、运动障碍物和运动参照物，如图4-2-9所示。此时，因未建立图层父子关系，受伤坐在地面的人物状态仅为动作参考，不可直接用于动作调节。

图4-2-9 制作形状元素

步骤四 创建跑步动画。应用运动透视原理制作人物原地跑步动画，运动参照物向人物运动反方向运动，如图4-2-10所示。设置人物各身体组件的图层父子关系，如图4-2-11所示。制作5个关键帧的人物跑步动作，关键帧之间可以设置传统补间，如图4-2-12、图4-2-13所示。

图4-2-10 运动方向解析

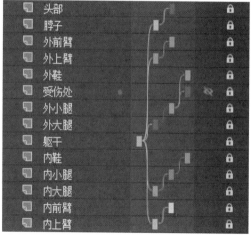

图4-2-11 人物身体组件图层父子关系

图4-2-12　制作原地跑步动画

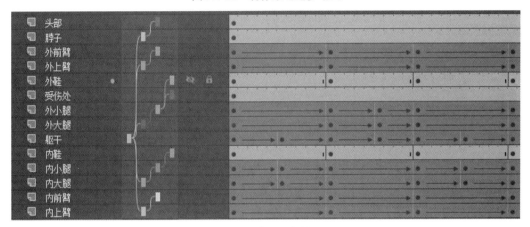

图4-2-13　跑步关键帧设置

步骤五　制作受伤过程及走路动画。摆放障碍物，如图4-2-14所示。当脚触碰到障碍物时，制作腿部和障碍物逐帧动画，从而实现由跑步动画向走路动画的过渡，如图4-2-15所示。

图4-2-14　摆放障碍物

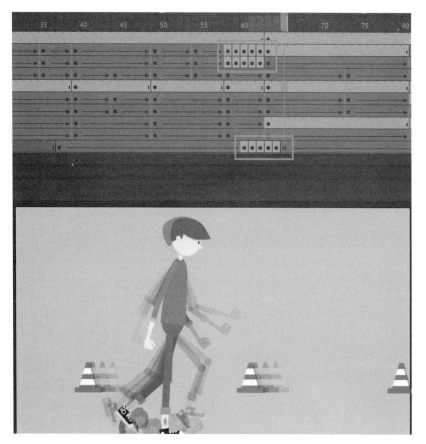

图4-2-15 设置逐帧动画

制作走路动画时要考虑人物腿部受伤状态，受伤处所在腿部运动幅度小于健康腿部，同时手部摆动幅度变小。考虑到此时人物情绪低落，头部可以适当向下，如图4-2-16所示。

图4-2-16 受伤走路动画

步骤六 制作人坐在地面的动画。使用时间和运动过程较短补间动画或逐帧动画制作受伤走路到坐在地面的运动过程，考虑到此时人物行动不便，动作节奏适当缓慢处理，参照物的运动停止，如图4-2-17所示。

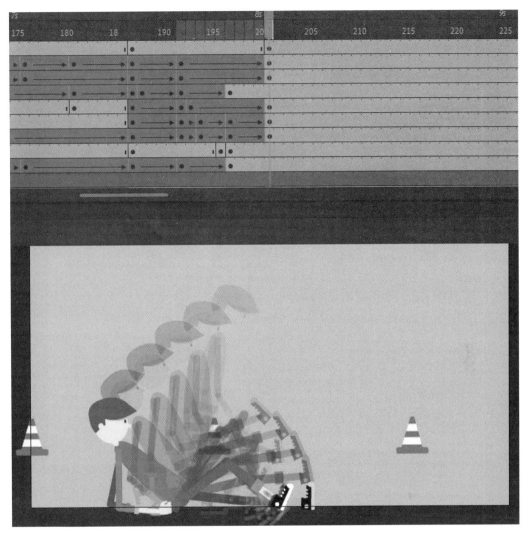

图4-2-17　人物坐在地面的运动过程

步骤七　调节完善动画。动画创建完成后，使用Ctrl＋Enter键预览动画。观察人物运动是否符合运动逻辑，调节运动节奏。

步骤八　完成制作。保存文件，人物运动损伤动画就完成了。

注意事项：① 本任务实施过程中，图层父子关系的运用贯穿始终。一定要先确定元件，再确定父子关系，最后制作动画。确定父子关系时，相关图层最好只有一个关键帧，父子关系确定后再做动画。不可在图层中添加新的元件，动画制作后，不可再调节父子关系和父子关系图层内元件中心点位置，否则会造成元件位置混乱。② 在商业应用中，运动损伤动画会配备解说语音或背景音，可以根据声音调节动画节奏。

评价与反思

任务评价						
序号	评价内容	评价标准	配分	评分记录		
				学生互评	组间互评	教师评价
1	操作过程	能够准确、熟练地完成操作步骤	30			
2	制作效果	能够具有创新性地完成任务，作品美观、完整	30			
3	学习笔记质量	学习笔记记录工整、严谨	20			
4	沟通交流	能够积极、有效地与教师、小组成员沟通交流	20			
	总分		100			
任务反思						

任务三　制作四足动物过河场景动画
——四足动物基本运动规律应用

任务描述

根据任务参考图（图4-3-1）在Animate软件中设计制作四足动物过河场景动画片段。

图4-3-1　任务参考图

任务要求：① 根据参考图制作形状元素，添加适当的场景动画，如云、水等；② 设计制作3种四足动物的过河过程，四足动物的美术风格与场景匹配；③ 动画结构完整，节奏合理。

任务分析

在大型动画设计制作过程中，场景设计、人物设计、动画制作往往由多位团队成员共同完成，动画师需要根据前期设计样稿制作合理的动画效果。此外，有时动画师会根据一些具体图片制作动画效果。遇到这种情况，需要根据项目特点对图片进行加工整合。本任务的设置目的符合以上两种工作情境。

四足动物通常使用四条腿运动，呈现出一种普遍的运动规律：四条腿两分两合，左右交替，一般行走时至少两脚着地，跑动时会出现四脚腾空的状态。动画中常见的四足动物有哺乳动物，如马、鹿、猫、狗等，两栖类动物如青蛙也是动画中的常客。不同四足动物的运动规律因体形、肌肉结构和生活方式而各不相同。因此，具体四足动物的运动规律还需要根据其特点进行更详细的研究和描述。

一、蹄类动物的运动规律

蹄类动物比较常见，如马、牛、羊、猪、鹿、骆驼等。它们大多性格温顺，以食草为主。蹄类动物的骨骼结构如图4-3-2所示，它们关节较明显，四肢较长，动作硬直，运动过程中元件变形幅度小。

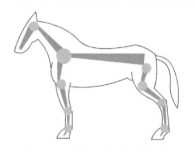

图4-3-2　蹄类动物的骨骼结构

（一）马的行走规律

马开始起步时如果右前腿先向前开步，左后腿就会跟着向前走，接着是左前腿向前走，再就是右后腿跟着向前走，这样就完成一个循环，如图4-3-3所示。因为尾巴具有随机性，具体形变不在本图例中展示。

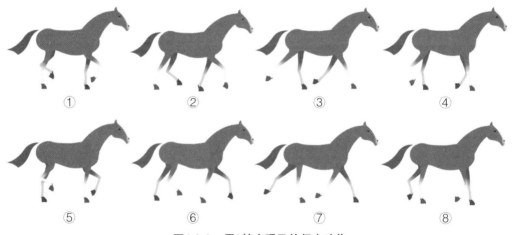

① 　　　　② 　　　　③ 　　　　④

⑤ 　　　　⑥ 　　　　⑦ 　　　　⑧

图4-3-3　用8帧表现马的行走动作

（二）马的奔跑规律

奔跑是马最快的一种动作。这种奔跑的动作中，左腿向前，随即右腿也向前，两只前足与两只后足交替。四条腿两分两合、左右交替的特征并不明显。马在奔跑时，迈出步子的距离较大，并且常常只有一只足与地面接触，甚至全部腾空；马的脖子弹性较大，马头向前伸，马尾向后伸，如图4-3-4所示。因为尾巴具有随机性，具体形变不在本图例中展示。

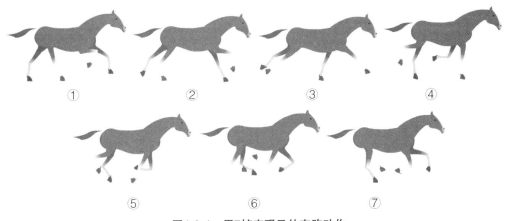

图4-3-4   用7帧表现马的奔跑动作

（三）鹿的奔跑规律

鹿在奔跑时富有很强的节奏感，躯干的收缩与伸展幅度变化明显。由于鹿比马身体更轻，弹跳能力也更好，所以在奔跑的过程中鹿的速度更快，滞空的时间也更长。由于速度快，鹿在奔跑的过程中四足的交替不明显，通常表现为前足短暂交替，落地后身体收缩至最小，前足离地的瞬间后足迅速交替落地发力，前足抬起至最高并前伸，身体随即充分伸展，后足蹬地腾空至最高点，下落时前足向下准备着地，如此往复。速度大约是每秒3个循环，如图4-3-5所示。

图4-3-5   用5帧表现鹿的奔跑动作

二、爪类动物的运动规律

爪类动物有猫、狗、狼、熊、松鼠等。它们大多灵敏矫健，以肉食为主。爪类动物的骨骼结构如图4-3-6所示。它们肌肉发达，动作灵活，四肢相对蹄类动物较短，运动过程中元件可以设置一定幅度的形变。爪类动物的行走动作与蹄类动物类似，都具有四条腿两分两合、左右

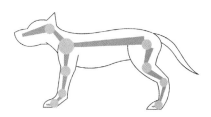

图4-3-6   爪类动物的骨骼结构

交替的特点。爪类动物奔跑时身体起伏和运动路径呈弧形。因不同的爪类动物身形差异较大，不同爪类动物的奔跑运动存在较大差异。

（一）熊的奔跑规律

熊的身体结构和肌肉力量适合进行慢速而稳定的奔跑。奔跑时，熊的前左腿和后右腿同时向前迈出，然后前右腿和后左腿同时向前迈出，整体身形起伏较大，与运动路径都呈弧形波动，如图4-3-7所示。

图4-3-7　熊的奔跑运动分解图

（二）松鼠的奔跑（跳跃）规律

松鼠的奔跑方式以跳跃为主。它具有强大的后腿肌肉和敏捷的身体，能够通过后腿的弹力迅速跳跃。松鼠的跳跃通常是以弧形的路径进行。松鼠在树上行走和跳跃时需要保持平衡，它们通过调整身体的重心和利用尾巴来保持稳定，如图4-3-8所示。

图4-3-8　松鼠的奔跑（跳跃）运动分解图

三、两栖类动物的运动规律

常见的两栖类动物以蛙类为主，包括青蛙、蟾蜍、蝾螈等。两栖类动物兼具适应水生和陆栖的特点，它们在近岸陆地的运动方式以爬行和跳跃为主。两栖类动物在爬行时通常采用类似四肢动物的方式，通过四条腿的交替运动来前进。一些两栖类动物如青蛙，具有出色的跳跃能力。跳跃时，先蹲下，后腿用力蹬出，把身体弹起，呈抛物线运动落地，如图4-3-9所示。

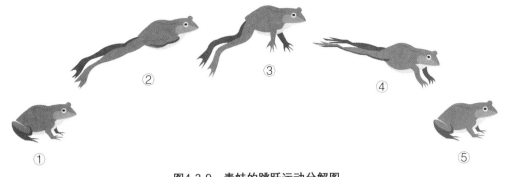

① ② ③ ④ ⑤

图4-3-9 青蛙的跳跃运动分解图

任务实施

步骤一 素材收集与构思。根据任务要求收集相关
美术素材，本任务可以调用Animate软件资源动画库的现
成四足动物制作动画，如熊的奔跑片段、松鼠的跳跃片
段、狼的奔跑片段等。根据素材构思画面。

▶ 微课 ◀

步骤二 创建文件。创建一个1280像素×720像素、
25帧速率的Animate文件，"平台类型"可以保持默认设置。保存文件在一
个固定路径。

步骤三 制作形状元素。根据任务参考图制作场景元件。将鹅卵石、
贝壳、骨头等相对独立的物体保存为元件，将需要制作动画的水和云分置
在不同图层，如图4-3-10所示。

图4-3-10 根据任务参考图制作场景元件

步骤四 制作场景动画。使用传统动作补间制作两个云的循环动画，

145

后景云比前景云运动慢。本任务设置后景云运动4600帧，前景云运动2300帧，它们之间成倍数关系。利用形状补间制作水面动画，水面呈波形运动，元件内动画50帧，与后景云帧数（影片内最长元件内动画帧数）成倍数关系，如图4-3-11所示。

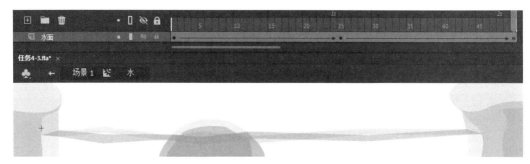

图4-3-11 利用形状补间制作水面动画

步骤五 制作熊的过河动画。从Animate软件资源动画库中调用熊的动画片段，将其放置在独立图层中，如图4-3-12所示。使用Ctrl＋Enter键预览动画，可以发现此时熊的运动偏慢。在熊的元件内调整删除多余帧，并复制1~2个动作循环，目前每24帧构成一个动作循环，如图4-3-13所示。根据过河动画需要，调整每个关键帧中熊的位置，当熊跑至河边时处于起跳状态，在河上时处于悬空状态，在河对岸的第一帧处于着地状态，如图4-3-14所示。预览动画，目前熊已完成了过河动作，但考虑到熊身形较大，可以在过河前通过删除普通帧提高奔跑速度，制造加速效果，如图4-3-15所示。

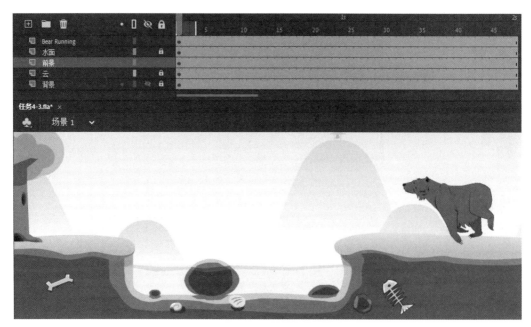

图4-3-12 调用熊的动画片段

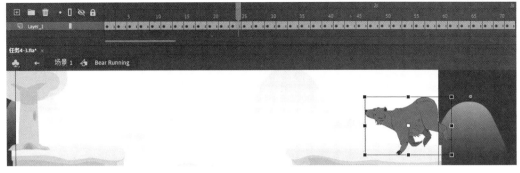

图4-3-13　调整元件内熊的关键帧

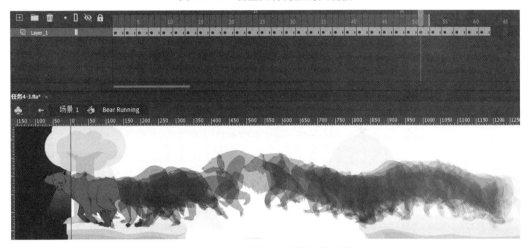

图4-3-14　调整每个关键帧的位置

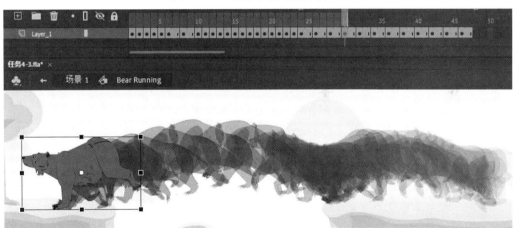

图4-3-15　通过删减普通帧调整动作节奏

（步骤六）　制作青蛙的过河动画。根据"任务相关知识"制作5帧循环的青蛙跳跃元件，将其放置在独立图层中，如图4-3-16所示。调整元件内部青蛙的位置，适当延长青蛙停留在地面的时间。因为青蛙体形小，过河时可以借助河中间的石头，用两次弹跳过河，如图4-3-17所示。

图4-3-16　制作青蛙跳跃元件

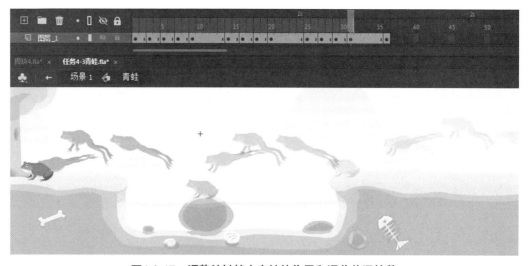

图4-3-17　调整关键帧内青蛙的位置和调节普通帧数

步骤七　制作羚羊的过河动画。根据"任务相关知识"制作5帧循环的羚羊奔跑跳跃元件，将其放置在独立图层中，如图4-3-18所示。调节元件内部羚羊的位置，因为羚羊运动快速，整体片段所用帧数较前两种动物少，帧数较平均，羚羊处于河面上时可以增加一个关键帧，如图4-3-19所示。

步骤八　调节完善动画。使用Ctrl＋Enter键预览检查动画，调节动画细节。

步骤九　完成制作。保存文件，四足动物过河场景动画片段就完成了。

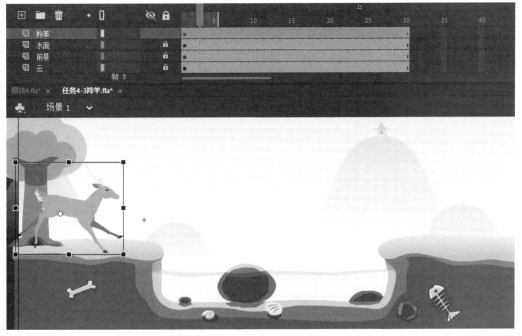

图4-3-18　制作羚羊奔跑跳跃元件

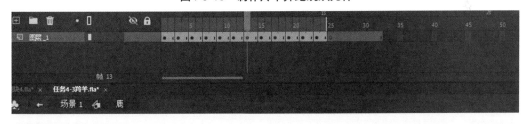

图4-3-19　羚羊处于河面上时增加一个关键帧

注意事项：① 与本任务实施匹配的资源动画不只有熊，还可以尝试其他资源，但调用后要考虑元素风格的匹配性。在商业案例中，如果要求形状与资源相差不大，可以直接对资源元件进行调整改造，以提升工作效率，比如将狼的动画元件改造为狗的动画元件。② 本任务不适合大量使用影片剪辑，使用图形元件更方便作整体动画调节。③ SWF文件素材可以在Animate软件使用，拖入后会形成逐帧动画。一般情况下，复制层父子关系动画会出现元件错位现象，可以将这些动画素材的SWF文件导入动画场景中使用。

评价与反思

任务评价						
序号	评价内容	评价标准	配分	评分记录		
				学生互评	组间互评	教师评价
1	操作过程	能够准确、熟练地完成操作步骤	30			
2	制作效果	能够具有创新性地完成任务，作品美观、完整	30			
3	学习笔记质量	学习笔记记录工整、严谨	20			
4	沟通交流	能够积极、有效地与教师、小组成员沟通交流	20			
总分			100			
任务反思						

任务四　制作花园场景的动物飞行动画
——飞行动物基本运动规律应用

任务描述

在Animate软件中设计制作花园场景的动物飞行动画。

任务要求：① 展现两种昆虫和一种鸟类的飞行运动过程，昆虫要与植物产生互动；② 美术元素简洁、美观；③ 视听风格统一，动画节奏合理。

任务分析

在动物世界中有许多种类的动物具有飞行能力，其中以鸟类、昆虫为最。飞机的发明在许多方面受到它们的启发。动物的飞行动画是常见的动画形式之一，除了主体物飞行动画外，一些全景、远景也会加入一些动物飞行动画，丰富画面层次。

动物在飞行过程中由于空气的阻力和翅膀的运动，呈现出一种普遍的运动规律：当翅膀向下挥动时，身体会上升；而当翅膀向上挥动时，身体会下降。然而，由于飞行动物的种类繁多且各具特点，它们的飞行方式、身体的起伏频率以及翅膀的运动方式都存在差异。因此，不同的飞行动物会表现出各自独特的飞行特征和运动方式。

任务相关知识

一、鸟类的飞行运动规律

鸟类的飞行运动规律是翅膀的挥动产生升力，并通过调整翅膀和身体的姿态来控制飞行方向和高度。通常情况下，鸟类翅膀的中段有骨骼点，可以配合翅根关节点增加翅膀摆动、收缩幅度。当鸟类向下挥动翅膀时，产生向上的升力，使其能够在空中飞行。相反，当翅膀向上挥动时，鸟类则会下降，如图4-4-1所示。不同种类的鸟类具有不同形状和长度的翅膀，这会影响它们的飞行方式，呈现出各自独特的飞行方式和生活习性。例如，阔翼（翅膀宽大）鸟类通常适合宽阔环境的长距离飞行，而短翼（翅膀窄小）鸟类则适合障碍物较多环境的短距离飞行，如图4-4-2所示。

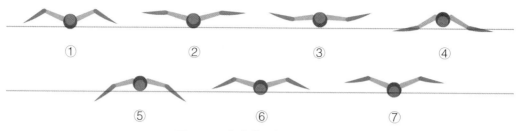

图4-4-1　鸟类的飞行运动分解图

图4-4-2　阔翼鸟类（左图）与短翼鸟类（右图）

（一）阔翼鸟类的飞行运动规律

阔翼鸟类，如鹰、鹤、海鸥、大型鹦鹉等，它们翅膀一般比较大，以飞翔为主。飞行时翅膀上下扇动优美缓慢，滑翔时间长，很少振动翅膀，如图4-4-3、图4-4-4所示。

图4-4-3　卡通鹦鹉的飞行运动分解图

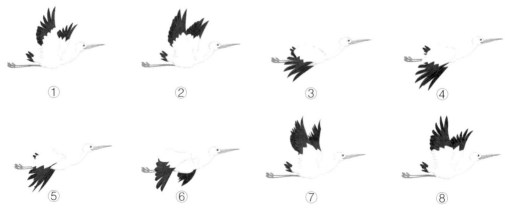

图4-4-4　卡通鹤的飞行运动分解图

（二）短翼鸟类的飞行运动规律

短翼鸟类，如麻雀、画眉、山雀等，它们身体小，翅膀不大，扇动几下，滑翔一会，交替飞行，并且翅膀扇动频率较快。以麻雀为例，麻雀每秒钟拍动翅膀10次左右，动画中可以用上、中、下、中4张扇扑画面表现其动作，如图4-4-5所示。

① ② ③ ④

图4-4-5　卡通麻雀的飞行运动分解图

二、昆虫的飞行运动规律

昆虫通过快速挥动翅膀产生升力和推力，实现空中飞行。它们通过调整翅膀的振动频率和幅度来控制飞行方向和速度。有些昆虫的翅膀挥动非常迅速，频率可达每秒数百次甚至上千次，以实现在空中悬停。

大部分昆虫的翅膀是透明、薄而轻的，没有关节，由薄膜状的组织和脉络构成。一部分昆虫具有两对翅膀，前后翅膀分别连接在胸部的前后部分。这种翅膀结构使得昆虫可以进行前后翅膀交替挥动，如图4-4-6所示。昆虫的飞行运动具有多样性和高适应性。本任务以蜻蜓和蝴蝶的飞行运动为主要介绍对象。

图4-4-6　蜻蜓的翅膀（左图）和蝴蝶的翅膀（右图）

（一）蜻蜓的飞行运动规律

蜻蜓因其快速直线飞行而闻名。它们能在空中快速飞行，并具有出色的加速和速度控制能力。此外，蜻蜓还具有悬停和盘旋的能力，能在空中保持静止，甚至在原地悬停，这使它们能准确地捕捉猎物和觅食。蜻蜓还能突然改变飞行方向，实现快速转向。它们的翅膀能快速调整振动频率和幅度，产生所需的推力和升力，使其能迅速转向。蜻蜓每秒钟拍动翅膀50次左右，动画中可以用上、下2张扇扑画面表现其动作（两帧重叠显示，灰色部分为另一帧效果），如图4-4-7所示。

图4-4-7　卡通蜻蜓的2帧表现

（二）蝴蝶的飞行运动规律

蝴蝶的飞行动作通常轻盈、柔和且优雅。它们的翅膀以缓慢而有节奏的方式振动，给人留下优美的印象。相比其他昆虫，蝴蝶的飞行速度相对较慢，它们经常在花丛间以缓慢的速度飞舞，给人提供观赏的机会。蝴蝶的翅膀通常具有鲜艳的颜色和精美的花纹，这些色彩和花纹有助于蝴蝶在飞行时吸引伴侣、警告天敌，或利用迷惑性的保护色进行自我保护。蝴蝶每秒钟拍动翅膀5次左右，动画中可以用上、中、下、中4张扇扑画面表现其动作，如图4-4-8所示。

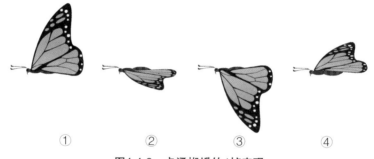

①　　　　②　　　　③　　　　④

图4-4-8　卡通蝴蝶的4帧表现

任务实施

步骤一　素材收集与构思。根据任务要求收集相关美术素材，本任务可以调用Animate软件资源动画库中的现成鹦鹉片段设计动画。收集森林、花园的背景音效，如鸟叫声、虫鸣声等。根据素材构思画面。

▶ 微课 ◀

步骤二　创建文件。创建一个1280像素×720像素、25帧速率的Animate文件，"平台类型"可以保持默认设置。保存文件在一个固定路径。

步骤三　制作形状元素。绘制表现花园的美术图形，根据前景、中景、后景将它们分置在不同图层。因为个别植物要与昆虫互动产生动画，因此要将这些植物摆放在独立图层中。如图4-4-9所示。

图4-4-9　制作植物形状元素

步骤四　制作飞行动画。根据"任务相关知识"内容分别调节鹦鹉、蝴蝶和蜻蜓的动画，如图4-4-10所示。调整鹦鹉动画资源时，删减内部的普通帧，增加其翅膀扇动频率，如图4-4-11所示。部分帧画面如图4-4-12所示。制作蝴蝶动画时，要考虑蝴蝶运动轨迹的随机性，可以利用补间动画为蝴蝶设计不规则曲线轨迹，如图4-4-13所示。制作蜻蜓动画时，要注意蜻蜓悬停与直线快速运动特点，适合使用传统补间，如图4-4-14所示。

图4-4-10　制作三种飞行动物

图4-4-11　调整鹦鹉动画的普通帧数

图4-4-12　鹦鹉动画部分帧画面

图4-4-13　利用补间动画为蝴蝶设计不规则曲线轨迹

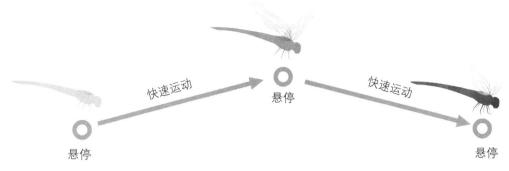

快速运动

快速运动

悬停

悬停

悬停

图4-4-14　蜻蜓悬停与直线快速运动

步骤五　制作停留动画。蜻蜓飞行后停留在植物上，建议先调节植物的摆动，再逐帧制作昆虫停留过程，如图4-4-15所示。为了使画面更加生动，可以使蜻蜓停留2秒后继续飞行，此时对应植物也会产生摆动。

图4-4-15　蜻蜓与植物摆动

步骤六　调节完善动画。动画创建完成后，可以使用Ctrl＋Enter键预览动画。观察飞行动物的运动是否符合运动逻辑，调节运动节奏。

步骤七　完成制作。保存文件，花园场景的动物飞行动画就完成了。

注意事项：① 与本任务实施匹配的资源动画不只有鹦鹉，还可以尝试其他资源，但调用后要考虑元素风格的匹配性。在商业案例中，如果要求形状与资源相差不大，可以直接对资源元件进行调整改造，以提升工作效率。② 本任务不适合大量使用影片剪辑，使用图形元件更方便作整体动画调节。

157

学习笔记

评价与反思

任务评价						
序号	评价内容	评价标准	配分	评分记录		
				学生互评	组间互评	教师评价
1	操作过程	能够准确、熟练地完成操作步骤	30			
2	制作效果	能够具有创新性地完成任务，作品美观、完整	30			
3	学习笔记质量	学习笔记记录工整、严谨	20			
4	沟通交流	能够积极、有效地与教师、小组成员沟通交流	20			
	总分		100			
任务反思						

任务五　制作雷雨场景动画
——自然环境运动规律应用

任务描述

在Animate软件中设计制作雷雨场景动画。

任务要求：① 动画场景应体现中式传统风格，场景中要有反映风速的参照物；② 视听风格统一，动画节奏合理，可循环播放。

任务分析

在动画中，经常出现雷雨的镜头。雨的运动规律是：空中无数大小不等的水点向下降落，由于雨点自高空下落的速度很快，根据视觉残留的原理，人们所看到的是一条条细长的半透明直线。只有在雨点较大、离人的眼睛较近时才能大致辨认出水点的形态。因此，动画中表现下雨的镜头时，通常都是画出一些长短不等的直线，朝着一个方向下落或掠过画面。

雷电是由积雨云产生的放电现象，我国古代常常把雷电视为两种相互配合的自然现象，因为人们总是先看到闪电，再听到雷声。因此，表现闪电动画时，画面可以比雷声的音效快1~2帧。除了直接描绘产生闪电时天空中出现的光带以外，往往还要抓住产生闪电时强烈的闪光对周围景物的影响，加以强调。

雷雨天气中通常会伴有大风的出现。风是空气流动形成的，它是一种无形的气流。一般来说，肉眼无法识别风的形态和大小，必须通过观察被风吹动的物体所产生的运动来辨别风的大小。因此，研究风的运动规律也就是在研究被风吹动的物体的运动方式。

任务相关知识

一、雨水的动画表现

动画中的雨水由宏观的雨和微观的水花两个部分组成。

（一）宏观的雨

宏观的雨根据运动透视原理，可以分为前景、中景、后景三个部分。前景雨线偏粗大、运动快，中景、后景可以使用一种运动速度，图形粗细度递减，如图4-5-1所示。前景、中景、后景的雨线分置在不同图层，中景、后景的雨线图层可以放置在场景建筑物图层下方。三种雨线元件帧数应当成倍数关系。元件图形规模和补间帧数影响雨线速度。

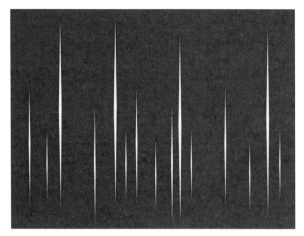

图4-5-1 前景、中景、后景的雨线具有不同的粗细度

以前景雨线元件制作为例，下雨过程起始帧和末尾帧形状位置要尽量重合。因此，制作雨线元件时上下部图形应该重复，如图4-5-2所示。元件制作后，向下运动，直至上下部图形（黑色部位）基本重合，如图4-5-3所示。

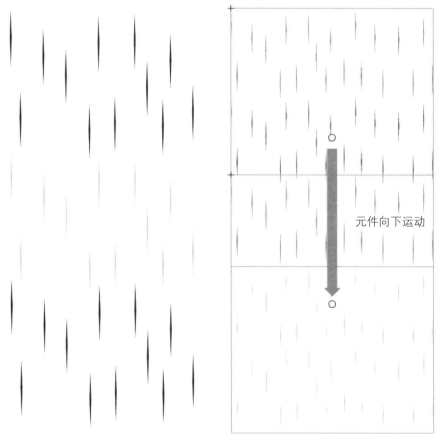

元件向下运动

图4-5-2　雨线的上下部形状是一致的（黑色）　　图4-5-3　元件向下运动

（二）微观的水花

微观的水花溅开过程需要使用逐帧动画进行表现，水滴下落至地面会溅起水花，如果地面存在积水，会生成水波，如图4-5-4所示。

图4-5-4　微观水花的逐帧表现

二、闪电的动画表现

自然界中的闪电呈锯齿形发散运动，运动速度极快。在Animate软件中需要使用逐帧动画表现。通常情况下，闪电由起始、发散和衰减三种状态构成，如图4-5-5所示。

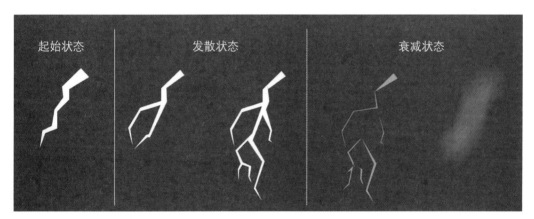

图4-5-5　闪电动画的三种状态

除了直接表现闪电外，还要通过环境的变化来加强闪电的效果。一般情况下，白屏高反差场景、普通场景交错闪现，如图4-5-6所示。根据实际情况也可以将白屏与高反差场景区分开。高反差场景应当继承普通场景的结构关系。

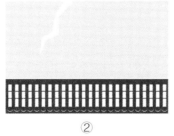
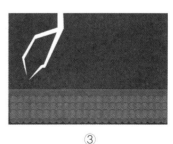

图4-5-6

161

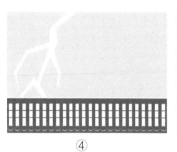
④

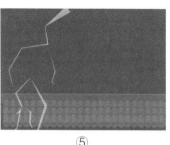
⑤

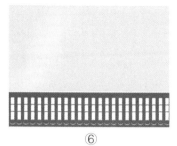
⑥

图4-5-6　白屏高反差场景、普通场景交错闪现

任务实施

步骤一　素材收集与构思。根据任务要求收集相关美术素材和音效（雨声、雷声），根据素材构思画面。

步骤二　创建文件。创建一个800像素×600像素、25帧速率的Animate文件，"平台类型"可以保持默认设置。保存文件在一个固定路径。

微课

步骤三　制作形状元素。绘制中式场景，除了被风吹动的灯笼，其他元件可以保存在一个图层。因为雨水打在地面和建筑上会形成水雾，在房顶和栏杆附近设置薄薄的渐变或模糊效果，如图4-5-7所示。制作高反差场景，用于表现闪电动画，如图4-5-8所示。

图4-5-7　制作形状元素

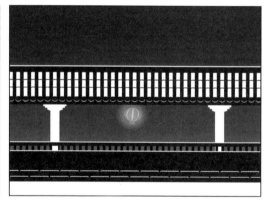

图4-5-8　制作高反差场景

步骤四　导入声音素材。将雨声和雷声音效分别放置在不同图层，如图4-5-9所示。两个音效可以设置为"数据流"。根据音效时长整个时间轴为240帧。为了生成循环动画，接下来的元件（下雨元件、灯笼元件）内部动画帧数应能够被240整除。

图4-5-9　将雨声和雷声音效分别放置在不同图层

步骤五　制作下雨动画。分别制作前景雨线、中景雨线、后景雨线动画元件，并将它们放置在不同图层。雨线受风的影响有偏移，可以给元件一定的偏移角度。中景雨线、后景雨线动画元件放置在建筑物图层下方，前景雨线放置在建筑物图层上方。前景雨线偏粗大、运动快，中景、后景雨线使用一种运动速度，图形粗细度递减，如图4-5-10所示。

图4-5-10　制作下雨动画

步骤六　制作水花动画。根据"任务相关知识"制作水花动画元件，将水花动画元件分散复制在建筑前的空地上。为了使元件动作时间形成差异，可以将水花动画元件分置在三个图层，如图4-5-11、图4-5-12所示。

图4-5-11　将水花动画元件分散复制在建筑前的空地上

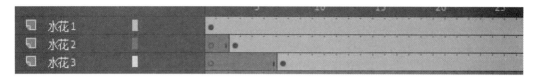

图4-5-12　水花动画元件分置在三个图层

步骤七　制作灯笼动画。受风的影响，灯笼的飘动方向与雨水一致，灯笼的光晕有强弱变化，如图4-5-13所示。利用传统补间制作灯笼飘动的过程和灯笼光晕的变化。

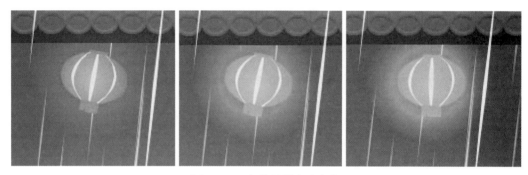

图4-5-13　灯笼随风产生变化

步骤八　制作闪电动画。根据"任务相关知识"制作闪电逐帧动画，闪电的画面可以早于音效1~2帧。根据闪电逐帧动画穿插白屏和高反差场景，如图4-5-14~图4-5-16所示。

图4-5-14　普通场景画面

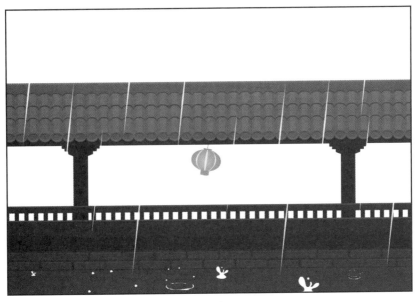

图4-5-15　白屏画面

图4-5-16　高反差场景画面

步骤九　调节完善动画。动画创建完成后，可以使用Ctrl＋Enter键预览动画，观察视听风格是否统一，动画节奏是否合理。

步骤十　完成制作。保存文件，雷雨场景动画片段就完成了。

注意事项：① 在一些商业动画中，表现雷雨时并不需要绘制雷电的图形，仅靠音效、白屏、高反差场景和普通场景也能生动地表现雷雨过程。② 是否制作水花动画元件主要取决于场景景别，如果选择大全景、远景就看不到微观细节，不需要制作水花动画元件。③ 本任务不适合大量使用影片剪辑，使用图形元件更方便作整体动画调节。

评价与反思

任务评价						
序号	评价内容	评价标准	配分	评分记录		
				学生互评	组间互评	教师评价
1	操作过程	能够准确、熟练地完成操作步骤	30			
2	制作效果	能够具有创新性地完成任务，作品美观、完整	30			
3	学习笔记质量	学习笔记记录工整、严谨	20			
4	沟通交流	能够积极、有效地与教师、小组成员沟通交流	20			
	总分		100			
任务反思						

一、选择题（包含单选题与多选题）

1. 符合人物走路基本运动规律的是（　　）。

   A. 人在走路时，总是一条腿支撑，另一条腿才能提起跨步

   B. 人在走路时，左右两脚交替向前，并带动躯干向前运动

   C. 人在走路时，为了保持身体平衡，上肢的双臂就要前后摆动，身体的重心也会上下移动

   D. 人在走路时，从侧面观察头顶的高低呈波浪形运动

2. 符合人物跑步基本运动规律的是（　　）。

   A. 人物跑步时，动作幅度较走路更大一些

   B. 人物跑步时，身体重心前倾，手臂呈曲状，两手自然握拳

   C. 人物跑步时，双脚有同时离地的现象

   D. 人物跑步时，人体头部的高低变化与走路是相反的，脚步着地时往往是头部低点

3. 四足动物的普遍运动规律包括（　　）。

   A. 四条腿两分两合，左右交替　　　　B. 走动时至少两脚着地

   C. 走路时前后腿同侧并进　　　　　　D. 跑动时会出现四脚腾空的状态

4. 动物在飞行过程中，由于空气的阻力和翅膀的运动，呈现出的普遍运动规律包括（　　）。

   A. 当翅膀向下挥动时，身体会上升　　B. 当翅膀向下挥动时，身体会下降

   C. 当翅膀向上挥动时，身体会下降　　D. 当翅膀向上挥动时，身体会上升

5. 表现闪电的动画时，可以填充（　　）画面内容。

   A. 闪电的起始状态　　　　　　　　　B. 闪电的发散状态

   C. 闪电的衰减状态　　　　　　　　　D. 白屏高反差场景和普通动画场景

二、判断题

1. 成角透视是通过在画面中使用一个单独的消失点来创造透视效果的方法。
（ ）

2. 在运动透视中，根据物体的远近关系，离观察者更远的物体应该看起来较小，而离观察者更近的物体应该看起来较大。在动画中，可以通过改变物体的尺寸和比例来模拟这种效果。（ ）

3. 人在不同的心情下走路的姿势是不一样的，所用的时间也大不相同。（ ）

4. 蹄类动物关节运动较明显，四肢较长，动作硬直。（ ）

5. 青蛙跳跃时，先蹲下，前腿用力蹬出，把身体弹起，呈抛物线运动落地。（ ）

6. 宏观的雨根据运动透视原理，可以分为前景、中景、后景三个部分。前景雨线偏粗大、运动快，中景、后景可以使用一种运动速度，图形粗细度递减。（ ）

► 模块四 ◄
知识巩固答案

模块五 Animate的交互动画应用

交互动画是指在动画作品播放时，支持事件响应和交互功能的一种动画形式。这种交互性提供给观者参与和控制动画播放内容的手段，使观者在观看动画时由被动接受变为主动选择。交互动画伴随Flash的发展而形成，Animate作为Flash的传承者，依托ActionScript 3.0脚本语言和丰富的动画功能，已将交互动画发展为成熟可靠、互动性强的信息传播方式。目前，Animate交互动画广泛地应用于网络动画、游戏、仿真、网页、电子书刊等众多领域。

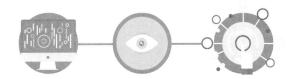

学习目标

[加粗部分对应1＋X动画制作职业技能等级要求（初级）]

素养目标

① 具备良好的逻辑思维能力；② 具备遵纪守法、维护网络传播秩序的职业意识；③ 具备良好的工作态度、创新意识以及精益求精的工匠精神。

知识目标

① 掌握元件按钮的工作原理和制作方法；② 了解ActionScript 3.0脚本语言的编辑方式；③ 掌握Animate跨平台输出应用文件的方法；④ 掌握常见的交互应用的工作原理。

能力目标

① 能够利用按钮功能制作简单的交互动画；② 能够使用脚本模板制作具有一定商业价值的交互动画；③ 能够制作并输出跨平台交互动画；④ 初步掌握Animate动画制作软件的基本操作。

任务一　制作八音电子琴应用
——元件按钮应用

任务描述

利用Animate软件制作可交互弹奏的八音电子琴应用。

任务要求：① 声音准确，图形美观；② 弹奏功能完整。

任务分析

八音琴的历史可以追溯到我国古代的"八弦琴"，它被用于宫廷音乐和文艺表演。现代八音电子琴来源于钢琴、管风琴，它由按键和发声机制构成。常见的八音琴由"do、re、mi、fa、so、la、si、do"八个音符构成，可以表现大量扣人心弦的音乐作品，如图5-1-1所示。

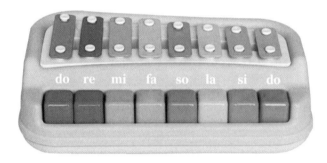

图5-1-1　现代儿童用八音琴

Animate按钮元件可以实现点击、激发任务的相关功能，在没有脚本辅助的情况下可以实现一定的声音播放功能。利用Animate按钮元件相关功能可以进行八音电子琴应用的制作。

任务相关知识

一、按钮的定义

按钮是图形界面中用来进行功能交互的组件，是指为用户提供触发事件的简单方式的任何图形化的控制元素。用户通过按钮向界面传达某个行为或命令，界面通过模拟真实世界的按钮效果，向用户传达反馈。按钮元件被广泛用于表单、对话框等场景中的操作，并有多种尺寸、颜色、质感、状态等一系列变量。

知识
拓展

按钮的演变与发展

1. 实体人机界面阶段

18世纪初，欧美流行的打字机按键可以说是最早的一种按钮实体形式。随着时代的发展，电视机、录音机、冰箱、洗衣机等电器的按钮也从简单的开关功能发展出上下移动调节、旋转调节等相对复杂的设计。

2. 交互控件阶段

进入21世纪，随着个人电脑的普及，图形化用户界面和键盘、鼠标一起逐渐被用户熟知。为了更准确、更直观地向用户传达系统的反馈，逐渐发展出了按钮的各种交互状态，如"弹起"状态、"指针经过"状态、"按下"状态等。随着移动互联网的发展，按钮的外观与交互方式发生了翻天覆地的变化，UI（用户界面）视觉风格先后经历了3D效果、拟物化、扁平化。而随着触控屏幕的普及，按钮的交互方式也逐渐扩展为单击、长按、拖拽等。

3. 未来的按钮

近些年，随着诸如VR（虚拟现实）、5G等能够改变整体媒介的技术逐渐成熟，按钮的应用载体将不再局限于电脑、手机屏幕，可能会有更多的呈现形式以及交互形式。未来的按钮设计将更加注重用户体验和场景化设计，更加符合人们的习惯和需求。

二、Animate按钮工作原理

Animate按钮属于元件范畴，由四个状态帧构成，分别为"弹起""指针经过""按下""点击"，如图5-1-2所示。"弹起"帧：用户没有与按钮进行交互时按钮显示的外观。"指针经过"帧：用户要选择按钮时按钮显示的外观。"按下"帧：用户选中按钮时按钮显示的外观。"点击"帧：对用户的点击有响应的区域，是播放时不可见内容。如果不对此帧进行定义，按钮默认以"弹起"帧绘制范围为触发范围。

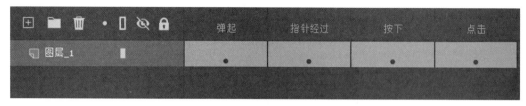

图5-1-2　Animate按钮元件的四个状态帧

需要注意的是，按钮的连续状态帧与普通时间轴关键帧不同，不会自动逐帧播放，需要配合鼠标或手指的触发命令呈现不同状态。

三、创建有声音按钮元件的方法

按照创建元件的流程制作一个有声音交互式按钮。选择图形后，在"转换为元件"面板（快捷键F8）中输入一个名称，选择元件"类型"为"按钮"，如图5-1-3所示。

图5-1-3　"转换为元件"面板

双击按钮切换到元件编辑模式。依次为按钮设计"弹起""指针经过""按下""点击"四个状态帧，如图5-1-4所示。制作结构功能复杂的按钮时，可以将不同类型的资源分置在多个图层中，如图5-1-5所示。

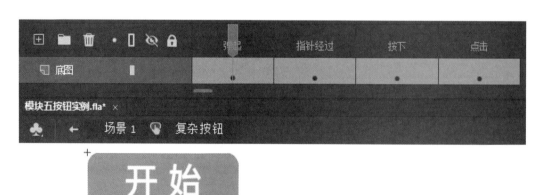

图5-1-4　设计四个状态帧

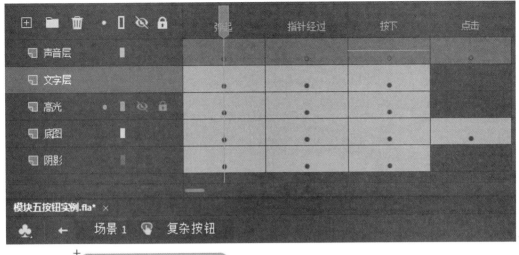

图5-1-5　利用多图层制作按钮

　　为按钮添加音效时，根据制作效果需要，将音效素材导入"指针经过"或"按下"状态帧即可。需要注意的是，按钮触碰、激发过程短促，按钮声音要有独立性，否则无法将1秒以上的音效展示完整，影响交互体验。一般按钮音的"同步"选项要设置为"事件"，且"重复"一次，如图5-1-6所示。

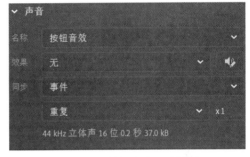

图5-1-6　按钮音的正确设置

　　与其他Animate元件一样，退出元件编辑模式，可以在按钮属性面板对其进行外部调整，如增加色彩效果、增加滤镜等，如图5-1-7所示。

图5-1-7　在属性面板中为元件增加色彩效果和滤镜

任务实施

步骤一 收集音效素材。收集"do、re、mi、fa、so、la、si、do"八个音符的独立、清晰音效，格式可以是WAV或MP3。将音效素材置于Adobe Animate 2023"库"中，如图5-1-8所示。

图5-1-8 音效素材入"库"

步骤二 场景制作。制作八音电子琴界面，先制作琴床和一个琴键。将琴键转换为按钮，和琴床分置在不同图层，如图5-1-9所示。

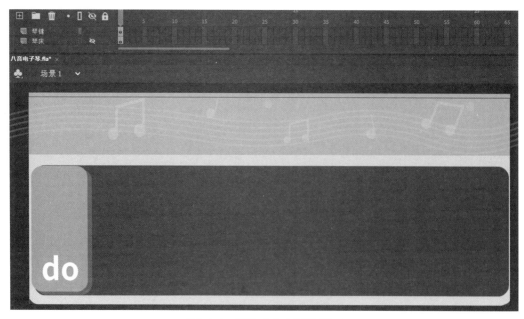

图5-1-9 制作八音电子琴界面

步骤三 琴键按钮制作。在库中利用"直接复制",制作八个音符按钮。为了方便区分,可以为按钮添加不同的颜色和标注。摆放琴键时可以参照"视图"中的"标尺工具"将琴键对齐,如图5-1-10所示。

图5-1-10 参照"标尺工具"对齐琴键

步骤四 为按钮增加声音素材。为八个音符按钮添加不同音效,将声音"同步"设置为"事件"。最后,对美术资源进行调整后预览该应用,如图5-1-11所示。

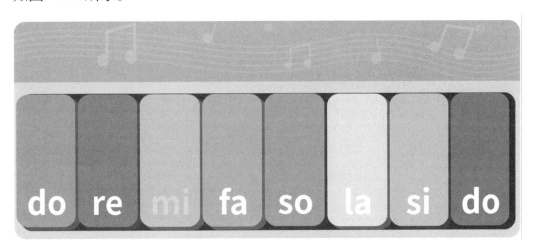

图5-1-11 八音电子琴成品静态效果

需要注意的是,默认输出格式SWF并不是所有电脑通用格式,如果用播放器播放SWF格式文件,很难体现按钮交互功能。为了方便作品推广,可以在"发布设置"里将"Win放映文件"作为输出格式发布,即"exe"文件。

评价与反思

任务评价						
序号	评价内容	评价标准	配分	评分记录		
				学生互评	组间互评	教师评价
1	操作过程	能够准确、熟练地完成操作步骤	30			
2	制作效果	能够具有创新性地完成任务，作品美观、完整	30			
3	学习笔记质量	学习笔记记录工整、严谨	20			
4	沟通交流	能够积极、有效地与教师、小组成员沟通交流	20			
总分			100			
任务反思						

任务二　发布手机应用
——AIR功能应用

任务描述

利用Animate发布安卓版八音电子琴应用。

任务要求：① 要求应用尺寸得当，与常规智能手机匹配；② 应用图标特征鲜明，功能完整。

任务分析

目前，市场上电子产品和操作系统的种类繁多。以手机为例，就包括Android（安卓）、iOS（苹果）、Harmony（鸿蒙）、Windows Phone、Symbian（塞班）等多种操作系统。开发一款应用软件时，开发商如果为每个主流系统逐一设计软件，将增加巨大的开发成本。因此同一款应用软件的跨平台发布就变得尤为重要。

Adobe Animate 2023可以将动画应用导出到多个平台，包括HTML5 Canvas、WebGL、Flash/Adobe AIR以及诸如Adobe SVG（Scalable Vector Graphics，可缩放矢量图形）的自定义平台，如图5-2-1所示，满足大部分二维界面软件的跨平台开发需求。利用Adobe Animate 2023相关功能可以发布八音电子琴手机应用。

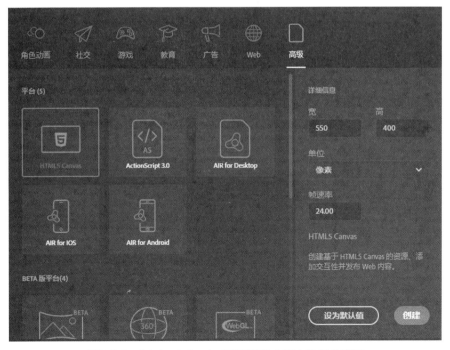

图5-2-1　Adobe Animate 2023新建文档中的平台选择

任务相关知识

一、AIR的定义

AIR是Animate的一款运行平台，使用ActionScript 3.0脚本，但是又与普通的ActionScript 3.0平台不同。选择了新建AIR平台，可以制作运行于移动端的内容，包括安卓或iOS系统，同时由于AIR平台对系统资源访问权限的提高，可以完成一些普通ActionScript 3.0平台内容无法完成的功能，比如对本地文件的后台访问或写入等。

二、安装AIR的工作流程

为了优化下载和安装体验，Animate从版本20.0.2开始，AIR SDK将不再随Animate一起提供。需要下载AIR SDK的最新版本，然后通过“管理Adobe AIR SDK”，将其添加到Animate中。具体方法如下。

步骤一　从Harman站点下载AIR SDK，如图5-2-2所示。

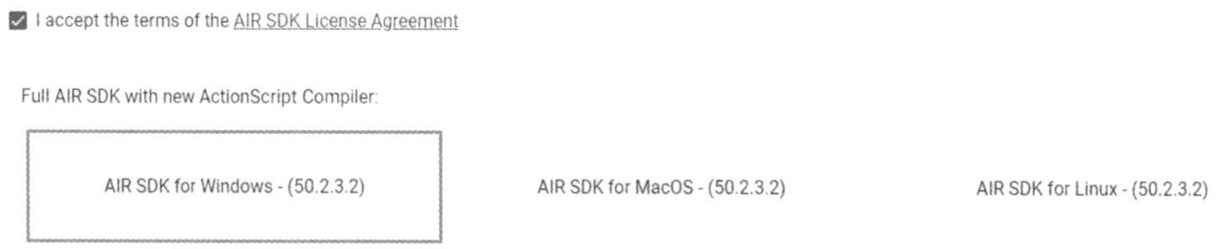

I accept the terms of the AIR SDK License Agreement
Full AIR SDK with new ActionScript Compiler:
AIR SDK for Windows - (50.2.3.2)
AIR SDK for MacOS - (50.2.3.2)
AIR SDK for Linux - (50.2.3.2)

图5-2-2　在Harman站点下载AIR SDK

步骤二　将下载文件放置在妥善的位置，建议放置在Adobe Animate 2023安装文件内。

步骤三　在Adobe Animate 2023中，选择“帮助”>“管理Adobe AIR SDK”，然后单击“添加新SDK”按钮，如图5-2-3所示。

管理 Adobe AIR SDK
版本
路径
添加新 SDK
取消
确定

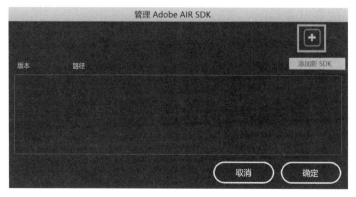

图5-2-3　添加新SDK

步骤四 浏览文件夹，并选择已提取的AIR SDK文件夹，然后单击"确定"。

任务实施

微课

步骤一 在"文件">"新建">"高级"中新建"AIR for Android"文件，文件尺寸根据常见手机和平板尺寸设计。本任务尺寸为1920像素×800像素，24帧速率，如图5-2-4所示。文件命名应该使用字母命名，如拼音或英文。

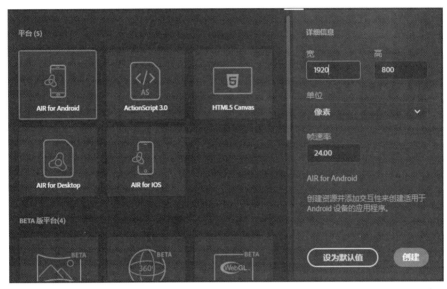

图5-2-4 新建"AIR for Android"文件

步骤二 将原有八音电子琴制作源文件的所有帧复制粘贴在新文件里。需要注意的是，本任务以发布跨平台应用为主要目的，以模块五任务一八音电子琴制作源文件为演示对象。如果学习者软件制作目的仅为手机应用开发，可以将步骤一、步骤二合并。

步骤三 制作图标，这里有多种尺寸可以选择，如图5-2-5所示。本任务图标尺寸为96像素×96像素。图标应该使用字母命名。

图5-2-5 "AIR for Android设置"中的图标尺寸

步骤四 选择"文件">"AIR 50.2.3.1 for Android设置"，如图5-2-6

179

所示。这里的"50.2.3.1"为AIR的版本名称。

步骤五　设置"AIR 50.2.3.1 for Android设置"选项栏参数。在"常规"中设置"输出文件"名称。将输出文件、图标、源文件保存路径置于同一文件下，文件也使用字母命名。在"部署"中创建证书和密码，如图5-2-7所示。因为是制作以学习为目的的交互应用，本任务的证书内容可以简单填写，如图5-2-8所示。在实际的商业应用中，要遵守国家的法律法规，如实填写企业的相关情况。

新建(N)...	Ctrl+N
从模板新建(N)...	Ctrl+Shift+N
打开	Ctrl+O
在 Bridge 中浏览	Ctrl+Alt+O
打开最近的文件(P)	>
关闭(C)	Ctrl+W
全部关闭	Ctrl+Alt+W
保存(S)	Ctrl+S
另存为(A)...	Ctrl+Shift+S
另存为模板(T)...	
全部保存	
还原(R)	
导入(I)	>
导出(E)	>
转换为	>
发布设置(G)...	Ctrl+Shift+F12
发布(B)	Alt+Shift+F12
AIR 50.2.3.1 for Android 设置...	
ActionScript 设置...	
退出(X)	Ctrl+Q

图5-2-6　"AIR 50.2.3.1 for Android设置"的位置

常规　部署　图标　权限　语言

证书：　rs\zx-cb\Desktop\bayin\bayin.p12　　浏览...　创建...

密码：　●●●●●●

图5-2-7　创建证书与密码

创建自签名的数字证书　　　　　　　　　　×

发布者名称：　123

组织单位：　123

组织名称：　123

国家或地区：　CH

密码：　●●●●●●

确认密码：　●●●●●●

类型：　2048-RSA

有效期：　25　　年

另存为：　C:/Users/zx-cb/Desktop/bayin/bayin.p12　　浏览...

帮助　　　　　　　　　　　确定　　取消

图5-2-8　简单填写证书相关信息

步骤六 选择图标并发布，图标尺寸选择必须和制作尺寸相契合，如图5-2-9所示。这样适用于安卓的apk安装包就完成了，如图5-2-10所示。安装后可以在安卓工具上调试，如图5-2-11所示。

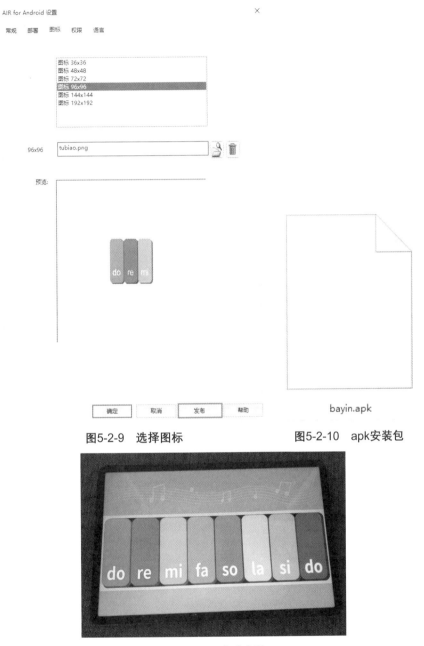

图5-2-9 选择图标　　　　　　　　图5-2-10 apk安装包

图5-2-11 完成安装

注意事项：① 制作前检查是否安装AIR SDK，AIR是Animate跨平台输出的前提。② 工程文件、图标、发布文件、存放文件夹应当用字母命名。③ 工程文件、图标、发布文件应存放在一个文件夹中。④ 图标尺寸选择必须和制作尺寸相契合。⑤必须提供证书和密码，证书存放位置应尽量稳定。

学习笔记

评价与反思

任务评价						
序号	评价内容	评价标准	配分	评分记录		
				学生互评	组间互评	教师评价
1	操作过程	能够准确、熟练地完成操作步骤	50			
2	学习笔记质量	学习笔记记录工整、严谨	30			
3	沟通交流	能够积极、有效地与教师、小组成员沟通交流	20			
总分			100			
任务反思						

任务三　制作春节电子贺卡
——交互综合应用

任务描述

利用Animate软件制作具有按钮功能的春节电子贺卡。

任务要求：① 主题明确，画面美观；② 视听风格统一，动画节奏合理。

任务分析

百节年为首，四季春为先。春节，即中国农历新年，是中华民族最隆重的传统佳节。春节的起源蕴含着深邃的文化内涵，在传承发展中承载了中华民族丰厚的历史文化底蕴。

春节电子贺卡是一种简单的交互应用，一般情况下，电子贺卡由起始按钮、音效、图形动画和返回按钮四个要素构成。不同状态的帧往往需要具有自动停止功能，需要为帧添加暂停命令。单击按钮后进入其他画面帧，需要为按钮添加跳转命令。使用Animate自带的ActionScript 3.0脚本语言可以满足这些功能要求。

任务相关知识

一、ActionScript 3.0的定义

ActionScript 3.0是一种功能强大的面向对象编程语言。ActionScript 3.0能轻松实现对动画的控制，以及对对象属性的修改等操作，还可以取得使用者的动作或资料，进行必要的数值计算。运用ActionScript 3.0并配合Animate动画功能可以相对轻松地实现任何互动式网站或是网页游戏的交互功能。Adobe Animate 2023强化了ActionScript 3.0的编程功能，进一步完善了各项操作细节，让动画制作者更加得心应手。

二、ActionScript 3.0的使用要点

在Animate中使用ActionScript 3.0的要点包括以下几个。

1. 创建ActionScript 3.0文件

打开Adobe Animate，并点击"新建"或"创建新文件"。选择"ActionScript 3.0"作为平台类型，然后单击"创建"，如图5-3-1所示。

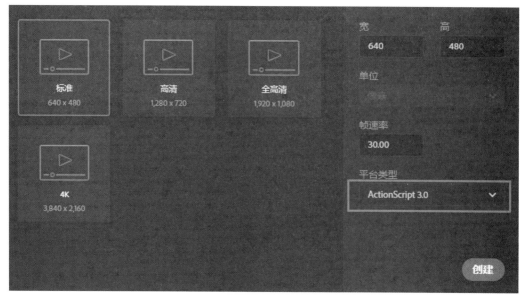

图5-3-1 选择"ActionScript 3.0"作为平台类型

2. 脚本要写在帧上

ActionScript 3.0的脚本编写工作可以在帧上进行，也可以在外部类文件中进行。ActionScript 3.0不能像ActionScript 2.0那样在元件上编写脚本。

在帧上编写脚本时，在时间轴上选择一个关键帧，然后在动作面板中编写代码。这种方式适用于简单的交互和动画

图5-3-2 脚本帧出现"a"标记

效果。在帧上编写脚本后，帧会出现"a"标记，如图5-3-2所示。

3. 为脚本相关元件和帧打标记

ActionScript 3.0使用事件监听器（Event Listeners）来处理事件，被监听对象（元件和图层）应该具有标记名。标记名不同于"库"中的实例名，例如一个被监听"影片剪辑"应该拥有两个名称，一个是实例名"鞭炮"，另一个是被监听标记名"b01"，如图5-3-3所示。一个实例可以同时应用于不同情境，并具有不同的标记名。

图5-3-3 一个被监听"影片剪辑"应该拥有两个名称

为元件打标记时，只需要在元件属性面板直接输入名称即可。元件标记名不能使用纯数字命名，建议使用字母命名。

为帧打标记时，在帧属性面板的"名称"处输入名称即可，如图5-3-4所示。输入后，帧外观以标签名称开头，后面标有一面小红旗，如图5-3-5所示。

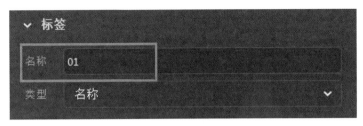

图5-3-4　为帧打标记

图5-3-5　帧标签

4. 使用代码片段提升工作效率

编写ActionScript 3.0脚本可以直接手动输入，对于图形美术工作者来说掌握这种能力是困难的。Animate提供了"代码片段"功能，可以为监听元件直接生成功能代码。使用时，选择标记后元件，在动作面板点击"代码片段"图标（双尖括号图标），会弹出如图5-3-6所示的面板。选择对应功能，即可在上方帧中生成代码，如图5-3-7所示。用这种方式生成的脚本会自动保存在"Action"图层帧中。

图5-3-6　"代码片段"面板

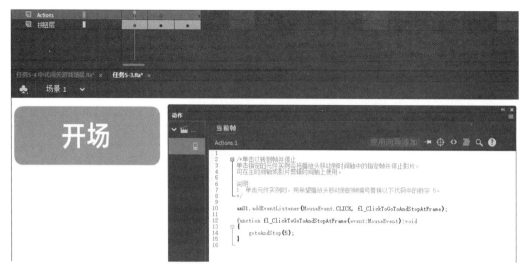

图5-3-7　生成代码

三、解析按键跳转监听事件代码

ActionScript 3.0功能强大，精通ActionScript 3.0并不是Animate动画师的主要工作任务。本教材从实际工作任务分工和学阶属性出发，对脚本代码作出适度分析解读。如图5-3-8所示，按键跳转监听事件代码包括声明事件名称和定义事件结果两个部分。其中，"an01"是开发者自定义标记名，可以更换。更换时，注意脚本工作区与标记名要同步。"fl_ClickToGoToAndStopAtFrame"是系统默认函数名称。"function"是函数的名称，用于在程序中引用该函数。"void"是一种返回类型标识符，用于表示函数不返回任何值。当函数被声明为void类型时，它意味着该函数不会返回任何数据或结果。

这段代码是在使用事件监听器来监听"an01"对象的点击事件。当"an01"对象被点击时，会触发"fl_ClickToGoToAndStopAtFrame"函数。"fl_ClickToGoToAndStopAtFrame"函数的作用是将当前的时间轴（即当前的影片剪辑）跳转并停留在第5帧。"gotoAndStop（5）"是一个内置的ActionScript函数，用于控制时间轴的播放。它会将播放头（即当前的帧）跳转到指定的帧，并停止播放。所以，当"an01"对象被点击时，它会调用"fl_ClickToGoToAndStopAtFrame"函数，然后时间轴会跳转到第5帧并停止播放。

待解析监听事件代码:

```
an01.addEventListener（MouseEvent.CLICK, fl_
ClickToGoToAndStopAtFrame）;
function fl_ClickToGoToAndStopAtFrame（event:MouseEvent）:void
{
gotoAndStop（5）;
}
```

元件名称　　　　　　　鼠标事件：按下　　　　函数名称

an01.addEventListener(MouseEvent.CLICK, fl_ClickToGoToAndStopAtFrame);　↑ 声明事件名称

　　　　　　　　　　　　　　　　　　　　　　　　　　↓ 定义事件结果

function fl_ClickToGoToAndStopAtFrame(event:MouseEvent):void
{
gotoAndStop(5);　去第5帧并停止
}

图5-3-8　代码结构

任务实施

微课

步骤一 素材收集与构思。根据任务要求收集相关美术素材，根据素材构思画面。根据画面构思并收集春节背景音乐和烟花按钮音效，音质要清晰，格式可以是WAV或MP3。

步骤二 创建文件。创建一个800像素×1000像素、25帧速率、以ActionScript 3.0为平台类型的Animate文件。保存文件在一个固定路径。

步骤三 制作形状元素。根据素材与画面构思，分别绘制起始按钮、返回按钮、运动元素和背景形状元素，分别将它们摆放在不同图层。可将本任务帧分为3个模块：起始画面、动作画面、返回画面。起始按钮放在起始画面，如图5-3-9所示。运动元素放在动作画面，如图5-3-10、图5-3-11所示。返回按钮放在返回画面，如图5-3-12所示。

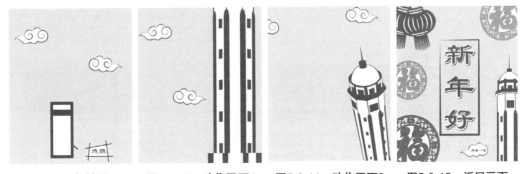

图5-3-9　起始画面　　　图5-3-10　动作画面1　　　图5-3-11　动作画面2　　　图5-3-12　返回画面

187

步骤四　导入声音素材。将烟花按钮音效与动作画面对应，设置为"数据流"，将春节背景音乐与返回画面对应，设置为"事件"。

步骤五　制作动画。制作爆竹爆炸效果、烟花上升效果和烟花爆开效果。使用逐帧动画制作爆竹爆炸效果，爆炸画面可以参考雷电的制作原理，如图5-3-13所示。烟花上升效果在不同角度的两个画面中展示，建议使用传统补间，如图5-3-14、图5-3-15所示。使用逐帧动画制作烟花爆开效果，尽量保持烟花的连贯性，如图5-3-16所示。

图5-3-13　爆竹爆炸关键帧

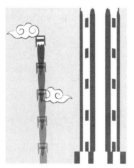

图5-3-14　烟花上升运动
（侧视图） 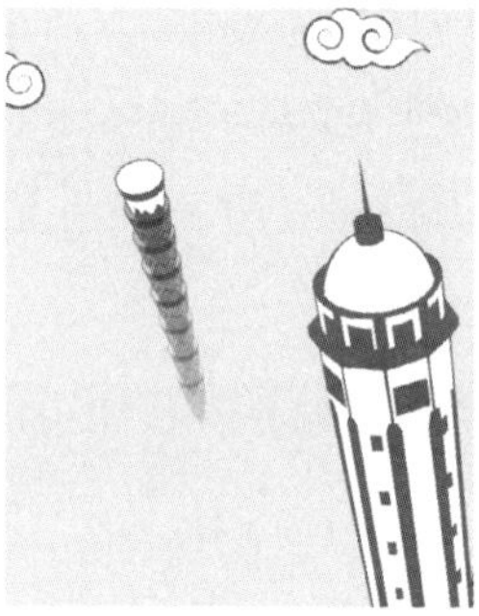
图5-3-15　烟花上升运动
（俯视图）

图5-3-16　烟花爆开效果

步骤六　为按钮和帧打标记。根据操作者使用习惯，在属性面板中分别为按钮和帧打标记。本任务中，将起始按钮和返回按钮分别标记为"an1""an2"，如图5-3-17所示。将第一帧和第二帧分别标记为"a1""a2"，如图5-3-18所示。

图5-3-17　为按钮打标记

图5-3-18　为帧打标记

步骤七　添加代码。利用"代码片段"分别为起始按钮和返回按钮添加监听事件。点击起始按钮会跳转到动画关键帧。点击返回按钮会跳转到起始关键帧。为起始关键帧和动画关键帧添加停止功能"stop();"。另外，为了保证动画重复播放时音效不发生错乱，可以在第一帧添加暂停音乐功能"SoundMixer.stopAll();"。

```
第一帧（起始画面）脚本：
stop();
SoundMixer.stopAll();
an1.addEventListener(MouseEvent.CLICK, bofang);
function bofang(event:MouseEvent):void
{
    gotoAndPlay("a2");
}
最后一帧（返回画面）脚本：
stop();
an2.addEventListener(MouseEvent.CLICK, huifang);
function huifang(event:MouseEvent):void
{
    gotoAndPlay("a1");
}
```

步骤八　调节完善动画。动画创建完成后，可以使用Ctrl＋Enter键预览动画。观察视听风格是否统一，动画节奏是否合理。

注意事项：① 本任务画面尺寸根据投放平台确定，如果投放在手机平台建议使用窄屏尺寸。② 以上任务实施过程是先制作脚本代码，再制作动画。可以根据动画制作者的工作习惯调整为先制作动画，再制作脚本代码。③ 使用音效和字体前要检查版权信息，建议尽量使用公版音乐和字体。④ 本任务相对简单，制作时可以不打帧标记。如果不打帧标记将"gotoAndPlay("a2");""gotoAndPlay("a1");"替换为"gotoAndPlay(2);""gotoAndPlay(1);"即可。

拓展案例
► 制作中式 ◄
碰触小游戏

评价与反思

任务评价							
序号	评价内容	评价标准	配分	评分记录			
				学生互评	组间互评	教师评价	
1	操作过程	能够准确、熟练地完成操作步骤	20				
2	脚本编写	能够以严谨、标准的格式完成脚本编写	20				
3	制作效果	能够具有创新性地完成任务，作品美观、完整	20				
4	学习笔记质量	学习笔记记录工整、严谨	20				
5	沟通交流	能够积极、有效地与教师、小组成员沟通交流	20				
总分			100				
任务反思							

一、选择题（包含单选题与多选题）

1. 按钮在图形界面中的作用包括（　　）。

   A. 用来进行功能交互

   B. 用户通过按钮向界面传达某个行为或命令

   C. 用来处理交互信息

   D. 可以增加用户体验感

▶ 模 块 五 ◀
知识巩固答案

2. Animate按钮由（　　）状态帧构成。

   A. "弹起"帧　　　　　　　　　　B. "指针经过"帧

   C. "按下"帧　　　　　　　　　　D. "点击"帧

3. 为了保证按钮音效完整播放，应将"同步"选项设置为（　　）。

   A. "数据流"　　　B. "事件"　　　C. "开始"　　　　D. "停止"

4. Adobe Animate 2023可以将动画应用导出到（　　）平台。

   A. HTML5 Canvas　　　　　　　B. WebGL

   C. Flash/Adobe AIR　　　　　　　D. SVG的自定义平台

5. 找出能够表示进入并播放第二帧的正确代码书写方式（　　）

   A. gotoAndPlay(2)

   B. 为第二帧打标记"a2"，代码书写为gotoAndPlay("a2")

   C. gotoAndPlay("2")

   D. 为第二帧打标记"a2"，代码书写为gotoAndPlay(a2)

二、判断题

1. Animate按钮属于元件范畴，可以在属性面板对其进行外部调整。（　　）

2. 按钮的连续状态帧与普通时间轴关键帧相同，可以逐帧播放。（　　）

3. 为按钮添加音效时，音效素材只能放置在"按下"状态帧。（　　）

4. 选择了新建AIR平台，可以制作运行于移动端的内容，包括安卓或iOS系统。（　　）

5. ActionScript 3.0是一种面向对象编程语言，可以在元件上编写脚本。（　　）

参考文献

[1] 拉塞尔·陈. Adobe Animate 2021经典教程[M]. 北京：人民邮电出版社，2023.

[2] 万忠，王爱赪，沈大林. 中文Animate案例教程[M]. 北京：中国铁道出版社有限公司，2023.

[3] 李婕妤. 基于信息技术的中职"Animate影视动画制作"课堂教学探究[J].教师，2023（9）：108-110.